日本名厨

高汤研究全书

专业职人制汤心法与实践

科学解构高汤风味组成原理

直通日式料理之『灵魂』

日本柴田书店 编
悠悠大王 译

河南科学技术出版社
·郑州·

前言

众所周知，高汤是日式料理的一大特色，更是其重要的组成部分。仅凭高汤的地位，我们就非常有必要对它深入探究一番。怎样的高汤才能帮助自己呈现出理想的料理呢？眼前的高汤真的是完美到无可挑剔了吗？

为了寻求这些问题的答案，必得研究诸多各式各样的高汤，解构它们的组成原理和烹制技法。近些年来，越来越多的日式料理名厨也都尝试着应用更多花式高汤到各色菜品中。高汤在日式料理中演绎的角色也逐渐发生着变化。

本书不仅展现着『高汤的现状』，而且致力于通过科学的研究分析数据以及名厨们的自我阐述来揭示『高汤的本质』，以图文并茂、通俗易懂的方式分享给读者。

大家在理解高汤的选材、风味构成原理后，如果能够灵活自由地驾驭制作各式高汤，那么我们出版这本书的心愿也就达成了。

目录

7 家日式料理名店的专属高汤与招牌高汤料理

日本工作团队
摄影 海老原俊之
美术设计 中村善郎/yen
编辑 长泽麻美

7家日式料理名店的专属高汤与招牌高汤料理

『日本料理 晴山』

山本晴彦

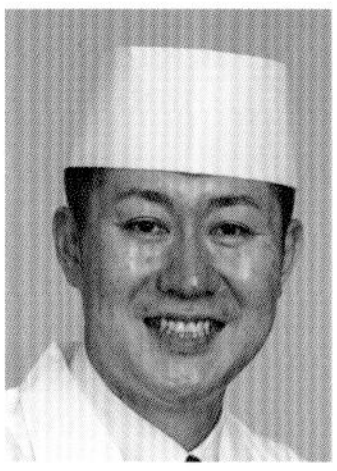

众所周知，高汤在日式料理中有着极其重要的地位。高汤的味道一旦出现了偏差就会让整份料理的味道失衡。所以一碗看似简单的高汤说是日式料理的精华之处、灵魂所在也不为过。这是源于高汤能最大限度地萃取出食材原始本真的鲜香，让人在享受美味的同时引发思考：要怎么做到食材和汤汁的融合与平衡？这点尤为重要。

说起用于高汤的食材，也不能保证永远品质如一。例如鱼肉油脂的多寡、贝类是否够新鲜，萃取高汤时就要结合当时所用食材的状态品质来调整了。此外，季节、环境、气候及温湿度也要考虑在内。而由贝类、蔬菜、肉类等各种食材组合而成的料理套餐，更需要思索它们原始的美味如何既能脱颖而出又能相互融合以达到整体均衡。全面综合考虑，再来妥善使用高汤。

那么要做好如此精细的高汤调配，首先需要精准的味觉，这就要大家做好自我的健康管理。绝佳的身体状态也能带来好的赏味体验。

本店的招牌高汤是选取真昆布、金枪鱼干和鲣鱼干（去除鱼背上发黑部分）萃取出的一番出汁。本店也想通过这份高汤传达料理的精髓所在。例如在盛夏，这份招牌高汤就会和海鳗高汤搭配来做成单人小汤锅料理。为了让食客们感受当季的美味，我们会严选当季的时令好食材来制作高汤料理。

山本晴彦

1979年生于日本栃木县足利市。师从岐阜名店『Takada Hassho』的主厨高田晴之先生。其后分别在『Wakamiya Hassho』餐厅和『Kogane Hassho』餐厅担任店长一职。31岁时独立门户，在东京都港区的三田开了自己的日式料理店，取名『日本料理 晴山』。他擅长在淬炼食材原始本味的同时，巧妙地增添鲜香的风味，制作出一道道精致菜品，节奏有度、优雅地呈现在料理套餐中。

他提到常见的一番出汁，除了以真昆布打底，也会加入鲣鱼干（去除鱼背上发黑部分）和金枪鱼干一起炖煮萃取而成。

◎昆布高汤

做高汤的前一晚，将昆布放入清水中浸泡，然后第二天开始做汤。昆布高汤除了用于酒蒸料理，还能用作其他高汤的汤底。

材料
昆布（真昆布）…250 g
水（软水）…8 L

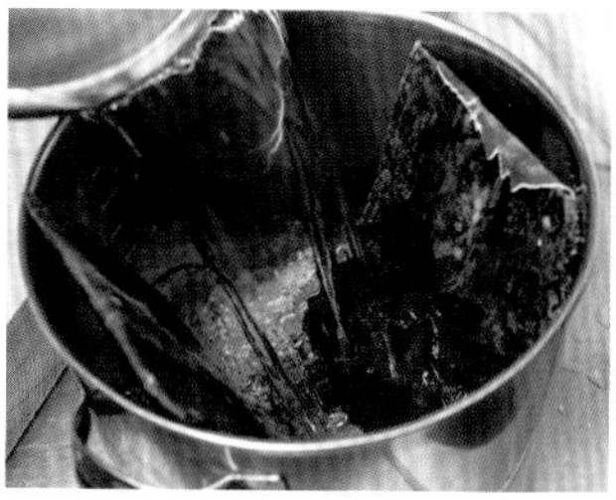

1 锅中放入水和昆布。

2 常温下放置一晚（8小时以上）。

3 开火加热2，温度保持在60~65 ℃加热1小时。

高汤制作的学问

因含昆布较多，先冷泡静置再开火，温度保持在60~65 ℃加热1小时萃取，可以最大程度提取出昆布中的谷氨酸。

◎一番出汁（第一道萃取的高汤头汤）

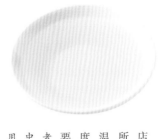

一番出汁会配合客人到店的用餐时间来新鲜现做。所用的鱼干要考虑季节、气温、湿度、昆布的味道和咸度等条件来调整。此外，还要呼应椀物料理的食材（编者注：椀物料理是日式料理中的一种汤品料理，通常使用漆器装盛。椀为碗的异体字，但考虑到日式料理中袭用椀物，本书保留这一用法，特此说明。）一番出汁用到了2种鱼干，加有鱼干的高汤会很鲜美。它们各自萃取出的高汤风味也有所不同。用鲣鱼干萃取的高汤香味浓郁突出一些，用金枪鱼干萃取的高汤香味则更温和沉稳，但用鲣鱼干萃取的高汤香味更易散逸，用金枪鱼干萃取的高汤鲜味则更持久一些。一番出汁大多是按金枪鱼干和鲣鱼干3：1的配比来做的，但实际萃取过程也会看情况调整。

材料

昆布高汤（参照第9页）…6 L

金枪鱼干…手抓3把

鲣鱼干（去除鱼背上发黑部分）…手抓1把

高汤制作的学问

煮沸昆布高汤可有效去除其海腥味，再配以金枪鱼干和鲣鱼干调味。鱼干所含的肌苷酸能给汤带来鲜味，在发生了美拉德反应（氨基酸和食物中的糖类在加热过程中发生的反应）后，汤则会散发香气，还有特有的烟熏味。这两种味道都易挥发，所以一番出汁的卖点就在于充分配合顾客到店的用餐时间来新鲜现做。

1 加热煮沸昆布高汤后除去表面浮沫。

2 放入金枪鱼干。

3 稍微加热后除去浮沫，然后关火。

4 放入鲣鱼干。

5 静置1~2分钟，让鲣鱼干沉入汤中。

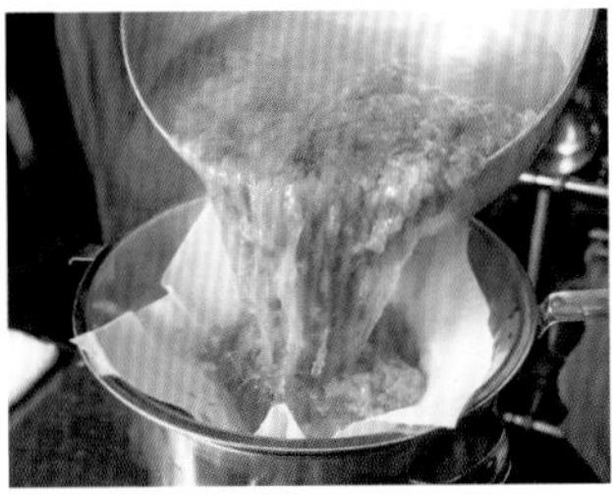

6 用铺好烘焙纸的滤网过滤高汤，缓慢轻柔地倒，动作越稳，过滤的汤汁杂质越少，汤味越醇厚。汤渣可用于制作二番出汁（第12页）。

毛蟹真丈菜瓜椀物

说起椀物料理的调味水准，入口的味道自不用说，接下来细细品尝碗中的食材直到喝完整碗汤汁，各种食材的美味和口感应相互融合毫不冲突，达到最佳的平衡。

材料

毛蟹…适量

白身鱼肉泥（此处的白身鱼是相较于赤身鱼）…适量

菜瓜…适量

八方地［一番出汁里加入少量味淋（日式甜料酒）、淡口酱油、盐，再添加鲣鱼干煮成的高汤］…适量

一番出汁（参照第10页）…适量

盐、淡口酱油、清酒（日式清酒，有些类似中式料酒）…各适量

蘘荷（切针状）…适量

青柚子皮碎…适量

1 毛蟹用盐水煮后捞出，混合鱼肉泥后放置备用。

2 菜瓜抹上盐，切去两头，中间瓜瓤部分去籽，切圆薄片放开水里焯一下，再放回八方地里腌制。

3 取1一大勺蒸熟后，盛到碗中。真丈制成。（译者注：日式料理中，真丈也叫真薯、真蒸。通常将虾、蟹、白身鱼肉、鸡肉、猪肉等搅碎，加入山药泥、蛋清、高汤调匀，以蒸煮或炸的方式制作而成。）

4 一番出汁加热，加盐、淡口酱油、清酒调和后倒入3，然后加入之前备好的2，放上蘘荷，最后撒上青柚子皮碎。

◎二番出汁（第二道萃取的高汤）

二番出汁常用作炖煮的汤底，在制作需要提鲜但不需要浓厚香味的料理以及高汤兑酒时使用。一番出汁萃取时无须煮沸，二番出汁萃取时则需要充分加热来激发出汤渣里食材的鲜味，再配以金枪鱼干进一步提鲜。

材料

一番出汁的汤渣…（参照第10页的量）

金枪鱼干…手抓1~2把

水（软水）…6 L

高汤制作的学问

前面聊了一番出汁的制作，再来看一下二番出汁的萃取。说到制作二番出汁，不能不考虑到要将此前的一番出汁的汤渣加热到何种程度，这样做对汤汁的味道和香气会有多大影响。本店的方法是将一番出汁的汤渣充分加热和萃取。相比残留的昆布的味道，融合了金枪鱼干的高汤，鲜香味则更为明显。

1　锅里倒入汤渣，加水然后开火，加热时除去表面浮沫。

2　放入金枪鱼干。

3　调节火候不让汤煮沸，持续加热10~15分钟。

4　用铺好烘焙纸的滤网过滤高汤，鲜味此时已全部萃取出来，对汤渣无须再次挤压。

◎小鱼干高汤

小鱼干高汤常用于制作味噌汤汤底、面条类的蘸汁等。因小鱼干本身鲜味浓郁，无须再行高温炖煮。

材料
小鱼干（日本鳀）…适量
昆布（真昆布）…适量
水（软水）…适量

1 小鱼干去头除净内脏，与昆布一起下锅加水浸泡半天，大火熬煮至80 ℃关火。

2 用铺好烘焙纸的滤网过滤高汤。

＊关火后静置放凉再过滤可使汤味浓郁，如不想味道过于浓厚，在关火后立即过滤即可。

高汤制作的学问

小鱼干的鲜味来自肌苷酸，昆布的鲜味来自谷氨酸，二者相辅相成相融合，带来更浓郁的鲜味。不同于鲣鱼干，小鱼干没有通过脱脂处理，使用前要特别注意密封保存，避免脂质氧化。在高汤炖煮过程中如果长时间过度加热也容易造成脂质氧化，所以要注意控制火候。

◎鲷鱼高汤

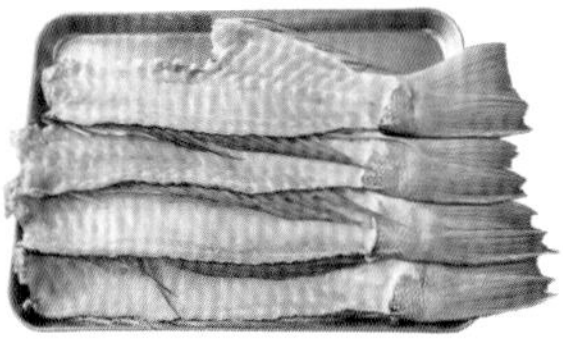

＋

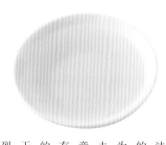

虽说也有用开水汆烫鲷鱼骨的做法，但为了高汤更加鲜美，这里采用的是炙烤鲷鱼骨的方式。炙烤不仅能为食材增添香味使人食欲大开，更能去除食材本身的腥味。这里尤其要注意控制炙烤的火候，烤过头了高汤会有焦煳味。后面放入金枪鱼干让高汤的鲜味再度升级，这里没有选用鲣鱼干，是因为鲣鱼本身的味道过于浓烈，会盖过鲷鱼原本的美味。这种做法也同样适用于海鳗类高汤。

材料

昆布高汤（参照第9页）…5 L

鲷鱼（又名甘鲷、马头鱼）中骨…4尾鲷鱼的

盐、清酒…各适量

金枪鱼干…手抓1把

1　鲷鱼骨抹上盐放烤架烤，鱼骨易碎，动作要轻柔些。

2　正反面都烤到一定火候之后，从烤架上取下。

3　昆布高汤入锅后加热，放入烤好的鲷鱼骨后加清酒。

4　持续加热约15分钟，随时去除表面浮沫。

5　高汤里轻轻放入金枪鱼干（这里切勿随意搅动，随意搅动易使汤浑浊）。

6　用铺好烘焙纸的滤网过滤高汤。

高汤制作的学问

通过恰到好处的炙烤，鲷鱼在发生了美拉德反应后会散发焦香味，这个味道不同于烤过头的焦煳味。充分认识到这一点，就能在观察外观色泽的同时，通过辨识香味来调节火候。鲷鱼和海鳗这类海鱼富含氨基酸，特别适合烤制之后来烹制高汤。

鲷鱼高汤面

用于面条类料理的高汤最好是比一番出汁的汤头更加浓郁，而若是做鲷鱼松茸椀物料理，则用一番出汁比较合适。

材料

鲷鱼（切块）…适量

面条…适量

鲷鱼高汤（参照第14页）…适量

盐、清酒、淡口酱油…各适量

酸橘（切片）…少量

1 鲷鱼抹上盐后穿上竹签炙烤。

2 面条煮开后立即以流动的清水冲洗冷却，沥干水后和1一起盛到碗里。

3 鲷鱼高汤加热后以盐、清酒、淡口酱油调味，然后倒入2，盖上酸橘片。

◎鲍鱼高汤

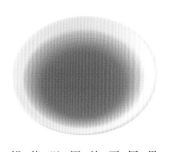

鲍鱼高汤主要用鲍鱼搭配清酒清蒸而成。如果加昆布高汤一起蒸，会得到很多汤汁，但与此同时鲍鱼自有的鲜味会被冲淡，这样一来鲍鱼也不便作为料理食材继续使用了。想要达到食材间的相互融合和味道上的最佳平衡，需在保有食材原味的基础上，严格把控高汤的烹制时间。之所以鲍鱼选择带壳清蒸，是因为鲍鱼壳烹制过程中能带出鲜香味，这也是制作高汤的重要一环。出锅后的鲍鱼高汤，使用时可依据不同的料理来调整昆布高汤的用量。

材料

鲍鱼…适量

清酒…适量

高汤制作的学问

鲍鱼是一种富含谷氨酸和散发甜味氨基酸的食材。做鲍鱼高汤的关键是控制时长，过度加热会使鲍鱼本身的香气消散。

1 鲍鱼在流动的清水下洗刷干净。

2 洗净的鲍鱼平铺摆盘后，倒入约到鲍鱼1/3高度的清酒腌制。

3 盖上保鲜膜封好。

4 放入已上汽的蒸锅中蒸4小时左右（可根据鲍鱼大小微调）。

5 清蒸好的鲍鱼。

6 用铺好了烘焙纸的滤网过滤鲍鱼高汤。

蒸鲍鱼秋葵山药泥

一道以鲍鱼高汤打底再佐以秋葵山药泥的融合料理。

材料
鲍鱼高汤（参照第16页）…适量
蒸鲍鱼（参照第16页的做法）…适量
山药…适量
秋葵（盐水里煮一下后切碎）…适量
盐…适量
紫苏花穗…少量

1 山药捣成泥后倒入鲍鱼高汤，依次放入盐、切碎的秋葵后充分搅拌。

2 蒸熟的鲍鱼切成适口大小后装盘，盖上1，最后撒上紫苏花穗。

+

◎瑶柱高汤

瑶柱单纯用水泡发是做不出美味的高汤的，须用昆布和鲣鱼干萃取的高汤浸润泡发后才能做出特有的美味高汤。不单单是瑶柱，不同类型的干货提取味道的方式也各异。要自己亲自品尝后再以盐或一番出汁来调味使用。

材料
瑶柱（又名干贝）…适量
一番出汁（参照第10页）…适量

高汤制作的学问

瑶柱不仅含有谷氨酸和鸟苷酸，还含有琥珀酸。琥珀酸虽然跟带出鲜香的谷氨酸不太相融，但其独特的美味在一番出汁的作用下会使汤头的清甜得以升华。

1 瑶柱放进容器中，加入大量的一番出汁，用保鲜膜封存静置约半天时间，以充分浸泡。

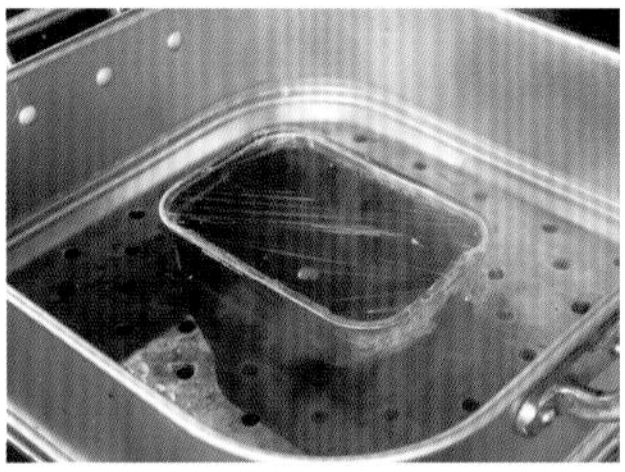

2 放入已上汽的蒸箱中蒸2~3小时。

3 清蒸完成。

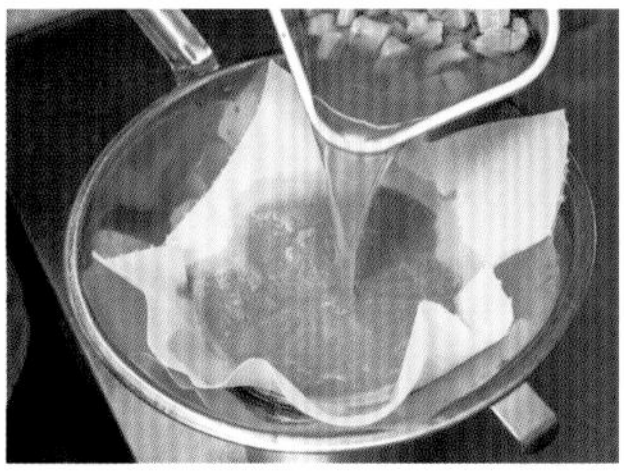

4 用铺好了烘焙纸的滤网过滤瑶柱高汤。

翡翠茄子海胆杯

一道以瑶柱高汤打底再辅以一番出汁的融合料理。

材料
茄子…适量
瑶柱高汤（参照第18页）…适量
一番出汁（参照第10页）…适量
盐…适量
生海胆…适量
青柚子皮碎…少量
油炸用油…适量

1 茄子纵向切几刀，放入热油中油炸后，浸冰水中冰镇再去皮。

2 往瑶柱高汤中倒入一番出汁，加盐调味，再放入1浸泡30分钟后，继续腌制4~5小时。

3 将2的茄子切成适口大小装到容器（杯子）中，然后倒入2里用于腌制的高汤没过茄子，再加入少许盐后放上生海胆，最后撒上青柚子皮碎。

◎河蚬高汤

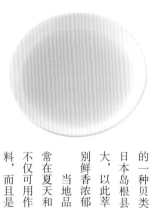

河蚬属于鲜味特别浓厚的一种贝类。宍道湖（位于日本岛根县）产的河蚬个头大，以此萃取的河蚬高汤特别鲜香浓郁。

当地品尝河蚬的季节通常在夏天和冬天。这款高汤不仅可用作红味噌汤的原材料，而且是寒冬时节待客的开胃暖汤。

＋

材料
河蚬（宍道湖产，做过吐沙处理）…2 kg
昆布高汤（参照第9页）…3 L
清酒…500 mL
盐 …适量

1 河蚬放入锅中，加入昆布高汤、清酒、盐，大火熬煮。

2 沸腾后去除浮沫转小火稍微炖煮（此时河蚬的鲜味已充分融入汤里，河蚬肉已无味，不再作为料理食材使用）。

3 用铺好了烘焙纸的滤网过滤高汤。

＊去除浮沫后关火，就能呈现出一份鲜美清甜的爽口高汤。如果是制作潮汁（日式汤汁的一种，主要成分是蛤蜊或者白鱼）就到此为止，加入清酒、盐调味即可。但是我们这次要把焯好的蔬菜浸泡在汤里使其鲜香味彻底释放，所以再转小火稍微炖煮。

＊河蚬自带的盐分含量不尽相同，依此调整盐的用量。

＊高汤炖煮完成后不过滤，静置4~5小时乃至半天，可使其鲜味更加醇厚浓郁。

高汤制作的学问

河蚬的鲜味源自琥珀酸。琥珀酸虽然跟带出鲜香的谷氨酸不太相融，但其独特的美味在昆布高汤的作用下会使汤头的清甜得以升华。

河蚬高汤炖冬瓜

有一种仿佛将河蚬的鲜美物质凝固后吃进口中的感觉。

材料
冬瓜…适量
河蚬高汤（参照第20页）…适量
盐、清酒、生姜汁、味淋…各适量

1 冬瓜去瓤，切适当大小，削去外皮，在表皮斜切细花纹后抹盐静置。待稍微变色后在开水里焯一下。

2 河蚬高汤加热后放入盐、清酒、生姜汁、味淋少许，加入1后炖煮30分钟左右，然后带锅一起下冰水里急速冷却。

3 装盘上桌前再度加热。取出冬瓜装盘，淋上汤汁至快淹没冬瓜。

◎伊势龙虾高汤

汆烫过的虾头、虾壳和昆布高汤一同炖煮，再放入金枪鱼干提鲜，用作料理底汤时，还可以与蔬菜高汤搭配使用。

+

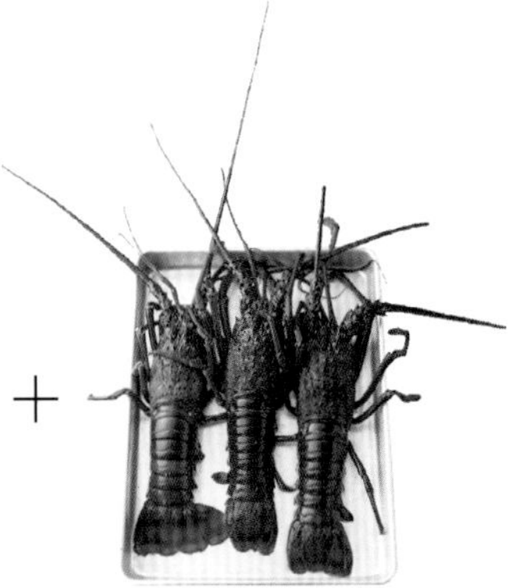

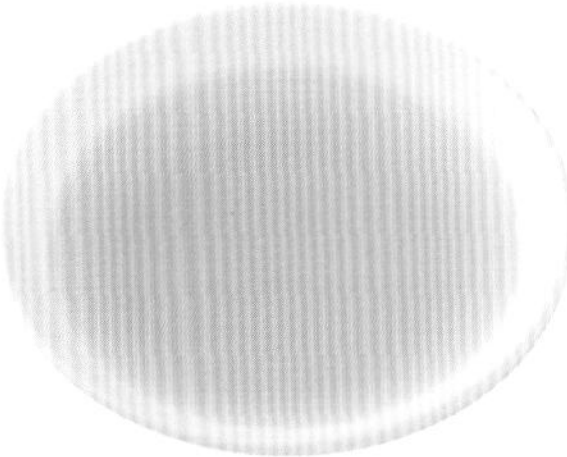

材料

伊势龙虾（三重县原产）…3只

昆布高汤（参照第9页）…适量

清酒…适量

盐…适量

金枪鱼干…适量

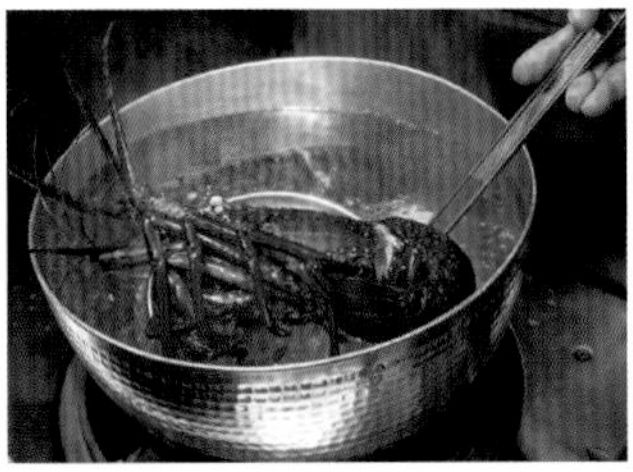

1 新鲜的伊势龙虾放开水里汆烫后，再放入冰水冷却。

2 虾头和虾身分开摆放，取出腹部虾肉（虾肉可用于制作料理），虾头中间对切。

3 将2的虾壳与虾头放入锅中，加入昆布高汤，没过食材，随即放入盐、清酒后开火加热。

4 煮沸后去除浮沫。

5 用擀面杖轻轻捣碎虾壳，去除浮沫继续煮20~30分钟。

6 放入金枪鱼干后关火。

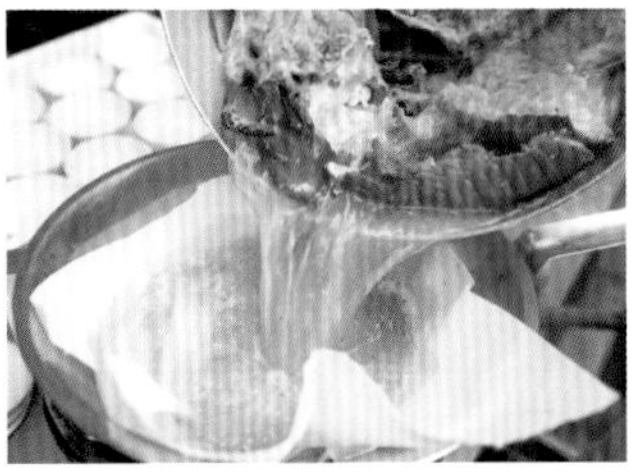

7 待金枪鱼干慢慢沉下后，再用铺好了烘焙纸的滤网过滤高汤。

高汤制作的学问

甲壳类食材富含氨基酸，加入谷氨酸（昆布）带给高汤清甜的味道。虾类搭配昆布萃取出来的高汤，鲜香和清甜会更上一层楼。

伊势龙虾茶碗蒸蛋

配以伊势龙虾高汤的茶碗蒸蛋，口感异常细滑鲜嫩，美味无比。

材料

鸡蛋…适量

伊势龙虾高汤（参照第22页）…适量

盐、淡口酱油、味淋…各适量

伊势龙虾虾肉（参照第22页的做法）…适量

葛粉…适量

鳖甲酱料［一番出汁（参照第10页）加入酱油、味淋煮沸后倒入葛粉勾芡］…适量

酢浆草（又名三叶草）（切茎部在开水里焯一下）…少许

1 打散的鸡蛋和伊势龙虾高汤按照1∶5的配比搅匀，然后依次加入盐、淡口酱油、味淋少许后拌匀，再用滤网筛一下。

2 将1蒸熟。

3 伊势龙虾虾肉切适口大小后撒盐，均匀地裹上葛粉后在开水里稍汆烫，再与伊势龙虾高汤一起快速煮一下。

4 将3放在2上后，轻轻淋上鳖甲酱料，顶部点缀少许酢浆草茎。

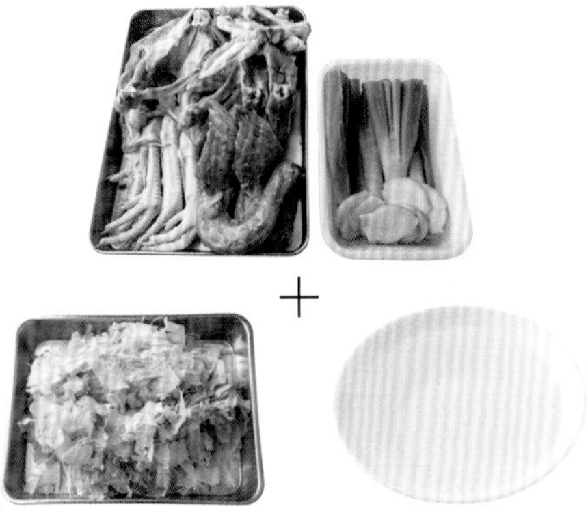

◎鸡汤

制作鸡汤用的是前一天新鲜宰杀的军鸡（又名斗鸡）的鸡骨架。用了正宗上好的军鸡骨架，前期处理的时候，抹盐稍微过水汆烫一下就好，很方便便能萃取出一碗明亮清澈且毫无杂味的纯鸡汤。就连炖煮过程中都不太有浮沫。最后撒上金枪鱼干，鲜香味也随之翻倍。

材料

鸡骨架（军鸡，含鸡脚）…2只鸡的
盐…适量
生姜（切片）…适量
大葱（去除葱白部分的绿葱段）…3根
昆布高汤（参照第9页）…6 L
清酒…200 mL
金枪鱼干…手抓1把

＊军鸡选取的是伊豆天成的斗鸡品种，购买的鸡骨架是制作高汤前一日宰杀处理好的。

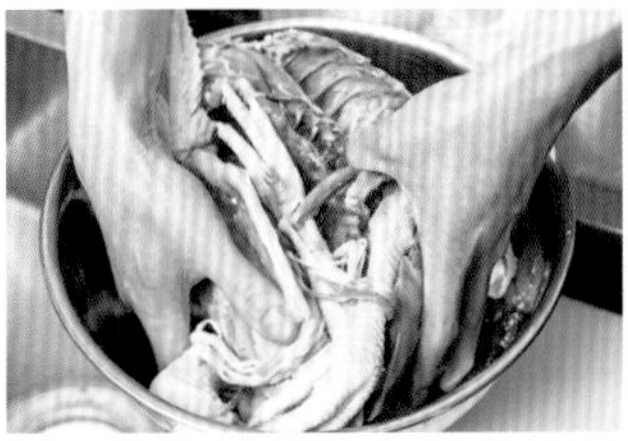

1 完整均匀地给鸡骨架抹上盐，然后静置10~15分钟。

2 淋开水汆烫。

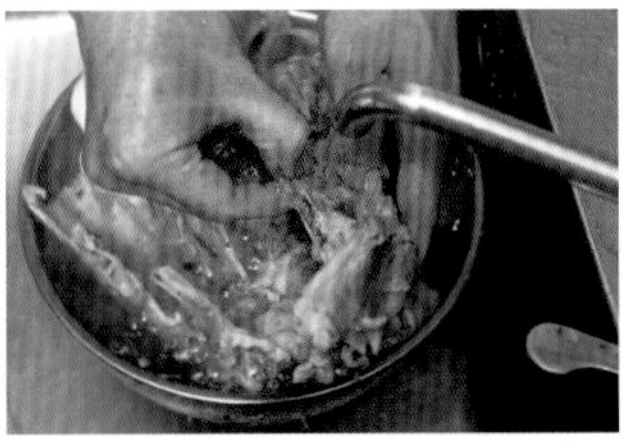

3 用流动的清水冲洗，剔除发黑的地方（脂肪部分保留）。

4 洗净的鸡骨架放入锅里，倒入冷昆布高汤（若用热昆布高汤容易产生浮沫）。

5 依次加入绿葱段、生姜片、清酒后开火炖煮。

6 煮开后去除浮沫（此时需要注意火候。若鸡肉不煮熟，后面清蒸容易出浮沫导致萃取的高汤不清澈，但煮得过熟，鸡汤味道又会变杂不纯）。

7 稍微去除浮沫，汤汁就显得非常清澈透亮。

8 将整锅汤用保鲜膜密封起来。

11 撒上金枪鱼干后再稍微加热一下。最后用铺好了烘焙纸的滤网过滤高汤。

10 再次开火，去除漂浮的油脂。

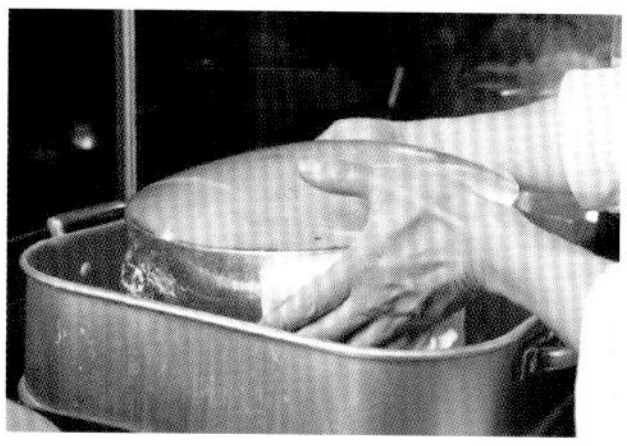

9 带保鲜膜的一锅汤放入蒸锅蒸3~4小时。

高汤制作的学问

用鸡骨架萃取的鸡汤出现的浮沫源自鸡肉中的肌红素，一种被脂肪包裹的含铁蛋白。浮沫漂在高汤表面发生氧化生成了脂质氧化物，后者会散发肉腥味。并且铁也能促成脂质的氧化。一定程度的液体对流让浮沫漂浮，更容易把它给撇掉，但整锅上蒸萃取鸡汤就没有这样的对流，所以在炖煮过程中要把浮沫彻底清除干净。

军鸡莼菜汤

以炭火炙烤的军鸡肉散发出特有的香气，搭配清澈鲜亮的鸡汤，更衬托出莼菜清爽嫩滑的口感。→做法详见第208页

◎干香菇高汤

干香菇高汤常搭配昆布高汤使用。因其独特的味道和特有的香气，一般不单独使用，但在其他料理中稍加发挥，便能使其美味翻倍。

材料

干香菇…适量

水（软水）…适量

高汤制作的学问

鸟苷酸为干香菇带来特有的鲜香味，昆布的鲜味则源自谷氨酸。二者搭配使用，鲜美味自然也会升级加倍。干香菇中的鸟苷酸是由香菇菌盖下的酶合成的，由此在加水泡发过程中，让菌盖朝下能使酶更好地发挥作用释放出鸟苷酸。

1 干香菇泡水静置一晚。

2 用铺好了烘焙纸的滤网过滤高汤。

鲑鱼子香菇饭

鲑鱼子和香菇的绝妙搭配，呈现出一道既美味又简单易做的炊饭料理。

材料

米…适量

干香菇高汤（参照本页）…1（配比）

昆布高汤（参照第9页）…1（配比）

盐、淡口酱油、清酒、味淋…各适量

酱渍鲑鱼子（以第10页的一番出汁加入浓口酱油、清酒、味淋混合成酱汁而腌渍的鲑鱼子）…适量

青柚子皮碎…适量

1 干香菇高汤和昆布高汤按照1∶1的量混合，加入盐、淡口酱油、清酒、味淋少许，调好汤底后便可开始蒸饭。

2 将1装盘，在米饭上盖上酱渍鲑鱼子，最后撒上少许青柚子皮碎。

◎蔬菜高汤

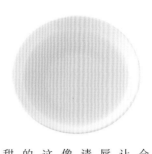

如果仅仅以蔬菜萃取高汤，鲜味会不足，此时可搭配鲣鱼干高汤之类让鲜味升级。但想要做出更具特色且唇齿留香的鲜甜高汤的话，恐怕还得请蔬菜助一臂之力了。值得一提的是，像菠菜、水菜这类绿叶菜，以及牛蒡这类有苦味的蔬菜，都不适合于高汤的烹制。而像胡萝卜这类自带特有香甜味的蔬菜，一旦放多了也会抢了风头，盖过高汤本身的鲜香。

＋

材料

蔬菜的边角料（萝卜皮、白菜帮子、胡萝卜皮、大葱叶、香菇柄）…适量

昆布高汤（参照第9页）…适量

1 蔬菜的边角料和昆布高汤一起放入锅里，开火炖煮。

2 去除浮沫，继续炖煮约20分钟。

3 用铺好了烘焙纸的滤网过滤高汤。

＊考虑到蔬菜高汤随后会和鲣鱼干高汤搭配使用，这里没有再加入鲣鱼干。

高汤制作的学问

蔬菜中虽然也含有一定量的谷氨酸，但终究不如昆布里的谷氨酸多，因此无须特意挑选谷氨酸含量高的蔬菜。选择香甜味比较突出的萝卜、白菜、大葱等，它们含有硫黄化合物，一起炖煮的话能为高汤淬炼出更加清甜的鲜香味。还可以考虑选择适合搭配鲣鱼干高汤风味的蔬菜品种。

『虎白』

小泉瑚佑慈

小泉瑚佑慈

1979年生于日本神奈川。师从东京八重洲的主厨石川秀树。2003年协助石川主厨开了『神乐坂石川』高级日式料理餐厅。现就职于2008年开的餐厅『虎白』，担任主厨。在坚持日式料理精髓的同时，还能对鱼子酱、松露这类外来食材灵活运用，自由切换。将食材创新的表现手法与传统的烹饪方式融会贯通加入自己的料理制作中，呈现让食客只有在这家餐厅才能品尝的特有美味。

除了让食客慕名而来的几道菜品，本店并没有过多招牌菜。怎样让食材的美味最大程度发挥呢？不仅仅是通过传统的烹制方式，还需要前所未有的创新，创新也不能毫无章法。我是带着这些思考来进行料理创作的。首先重视的就是不可或缺的日式高汤。本店自始至终坚守的高汤基底，都是以昆布和鲣鱼干萃取出的日式高汤。

昆布和鲣鱼干萃取高汤主要分两种：一种是用来打底的汤头，不含鲣鱼浓烈杂味的清亮爽口的汤底；另一种是介于一番出汁和二番出汁之间，我们暂且称之为一点五番出汁，它充分地萃取了鲣鱼的鲜香味。

高级日式料理的套餐，高汤也会为契合不同菜品的不同呈现时间和方式而调整。上述两种高汤都是用来打底制作料理的，不时还会搭配一些甲壳类、鸭肉等一起炖煮来对高汤调味。

总体而言，高汤始终是食材和料理口感平衡的关键。对不同食材、不同料理，高汤的萃取方式亦不同。此外，还要考虑在套餐的什么时段以什么料理的方式呈现。像炖菜这类就常在套餐的最后出场。

本店在冬季会推出的一道时令菜品，采用炙烤了外皮的切片鸭肉和蔬菜，搭配稍加淡口酱油调味的一点五番出汁一起炖煮，鸭肉外酥里嫩。这道料理若用鸭骨头炖煮，味道又会过于厚重。作为套餐的最后一道菜品，如果配以油腻感很重的鸡肉、鸭肉，吃了身体有发沉感，食客也会感到有负担。所以，此时切换成以鲣鱼高汤打底做的炖菜就会刚刚好。

◎昆布高汤

昆布高汤是用真昆布炖煮制成的。真昆布的鲜味浓郁，想要高汤爽口些就少放些昆布，同时缩短炖煮的时间，调节昆布高汤的浓淡与口感十分方便。虽然用利尻昆布能萃取出口感清爽的高汤，但总有种余味不足的感觉。

材料

昆布（真昆布）…12 g

水…800 mL

1 同时放入水和昆布，开火加热。此时缓慢加热注意火候，温度控制在60 ℃（不要煮开）煮40分钟左右。

2 汤汁散发出昆布的鲜香气味后，捞出昆布，开大火至煮沸，除去表面浮沫。

伊势龙虾高汤汤冻
昆布汤冻 盐昆布 紫苏花穗

伊势龙虾稍微炙烤一下就香气四溢。相较于八方高汤制成的汤冻，昆布汤冻的口感风味更能衬托出炙烤龙虾的美味。要制作汤冻，就稍微多放一些昆布，从而萃取出更加浓郁的高汤。

材料（4人份）

昆布汤冻
- 昆布高汤
  - 昆布（真昆布）…40 g
  - 水…1.5 L
- 盐…3 g
- 吉利丁片…10 g

伊势龙虾…350 g×2只

高汤酱油［一点五番出汁（参照第34页）和等比例的浓口酱油混合］…适量

盐昆布（昆布丝）…少量

紫苏花穗…适量

1 昆布汤冻：按照上文所述的做法煮好昆布高汤。加热高汤，放盐和泡发后的吉利丁片，静置放凉后，再放进冰箱冷藏，成果冻状后再搅拌打散。

2 剥出伊势龙虾的肉，用竹签穿好，表面均匀地轻轻抹上高汤酱油，放火上炙烤，然后切成适口大小。

3 将2装盘，淋上1，最后顶部撒些盐昆布和紫苏花穗。

◎椀物专用清汤

这份高汤少了鲣鱼浓厚的鲜香味，本身味道单纯且汤色清澈。用到的昆布高汤也比第34页的一点五番出汁的汤头更为清淡一些。针对用餐的季节和椀物料理的具体食材，也会适当调整昆布和鲣鱼的咸度以及萃取的方法。

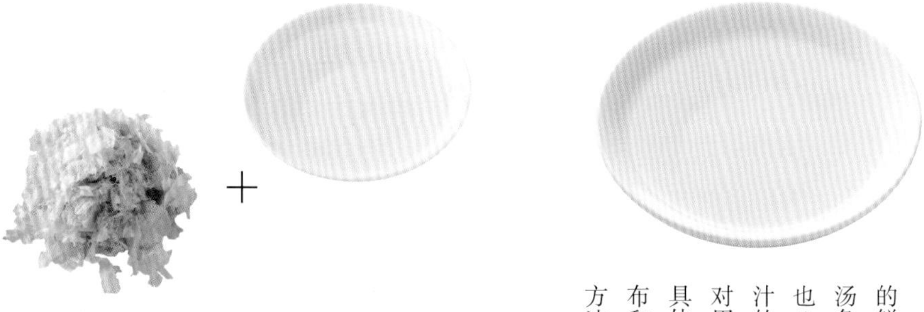

材料

昆布高汤

- 昆布（真昆布）…10 g
- 水…1 L

鲣鱼干（去除鱼背上发黑部分）…20 g

1 按照第30页的做法，煮出昆布高汤。

2 去除浮沫，从火上拿开后放入鲣鱼干。

3 维持温度在70~80 ℃，让高汤静置一分半钟，待鲣鱼干下沉锅底，香味弥漫之后再用滤网隔着烘焙纸过滤高汤。

松叶蟹真丈芽芜菁椀物

真丈是日式料理的典型代表。我们餐厅也在不断尝试之后，研发出了有本店特色的椀物菜单和做法。

材料（4人份）

松叶蟹真丈

- 松叶蟹肉（松叶蟹以盐开水氽烫后剥出蟹肉）…120 g
- 松叶蟹膏（松叶蟹以盐开水氽烫后取出蟹膏）…少许
- 白身鱼肉泥…40 g
- 蛋黄酱…25 g

芽芜菁…4根

八方高汤（参照第35页凉拌水菜）…适量

椀物专用清汤（参照本页）…适量

盐、淡口酱油…各少许

＊蛋黄酱：将120 g色拉油少量、多次缓缓倒入装有一颗蛋黄的碗里，然后用打泡器搅拌混合。

1 蛋黄酱、白身鱼肉泥、松叶蟹膏一起搅拌均匀，然后放入蟹肉，一一分取出一人份约40 g的量。

2 芽芜菁在开水里焯一下，放入冰水冷却后沥干水，再浸入凉的八方高汤中。

3 将1放入蒸锅蒸7分钟制成真丈，盛到碗中，再放上2的芽芜菁，加热椀物专用清汤后加入盐、淡口酱油调味，最后淋上去。

◎一点五番出汁

本店用昆布鲣鱼干萃取的高汤分两种：一种用含了鱼背上发黑部分的鲣鱼干炖煮，参照第32页；另一种用不含鱼背上发黑部分的鲣鱼干炖煮。我们想呈现的是不仅用于椀物料理也同样适用于其他菜品的高汤，同时又不是二番出汁，便研发出了此款一点五番出汁。同样是用昆布鲣鱼干萃取，但方法上又介于一番出汁和二番出汁之间。这款高汤能更为彻底地释放鲣鱼干的鲜香味。

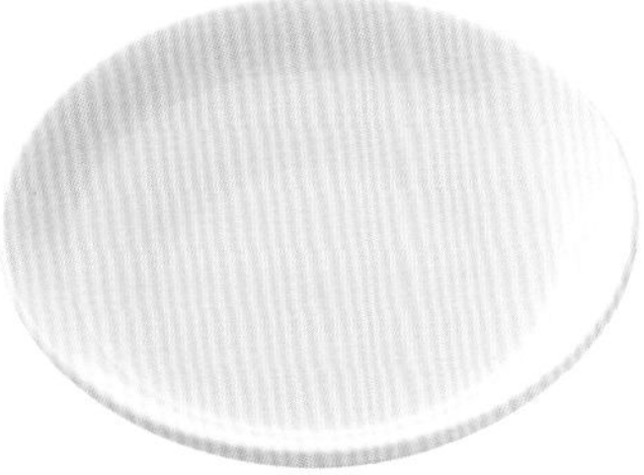

材料

昆布高汤

- 昆布（真昆布）…12 g
- 水…800 mL

鲣鱼干（含鱼背上发黑部分）…18 g

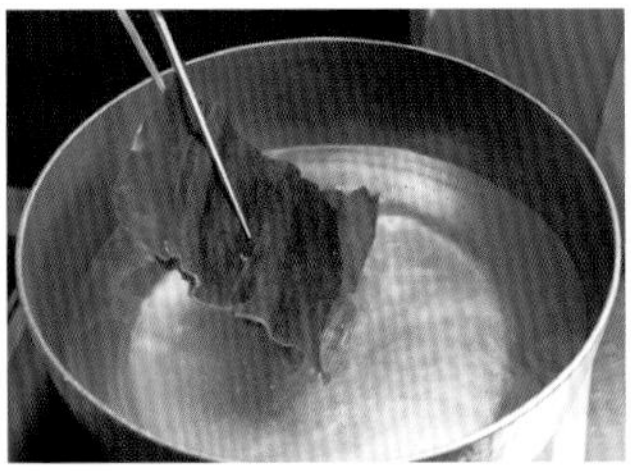

1 按照第30页的做法制作昆布高汤。

2 去除浮沫，放入鲣鱼干。

3 小火加热煮20~30分钟（做不同料理的话，加热时间看情况调整）。

4 鲣鱼的鲜香味散发出来后，用滤网隔着烘焙纸过滤高汤。

凉拌水菜

水菜用开水焯一下后，放入事先加好淡口酱油和味淋的已调配好的八方高汤里，腌入味。这道菜品做法上较为简单，容易上手。

蔬菜的种类不同，高汤的浓淡也要跟着适当调整。例如芋秆（芋苗）这类含水量高的蔬菜，汤汁的味道就要稍微重一点，并且腌完再腌一次。

材料（4人份）

水菜…1把

八方高汤

- 一点五番出汁（参照第34页）…500 mL
- 淡口酱油…25 mL
- 味淋…10 mL
- ※稍加搅拌后静置放凉。

柚子皮碎…少许

1 水菜放开水里焯一下后迅速放入冰水冷却，随后沥干水放入八方高汤中腌渍入味，切成4 cm长备用。

2 1装盘后淋上放凉的八方高汤，最后撒上柚子皮碎。

＊腌渍时，也可以把鲣鱼干汤渣包在烘焙纸里一起放入，这样能让水菜更入味。

◎竹节虾高汤

用甲壳类食材萃取高汤往往会炙烤或煎炒一下外壳。以竹节虾高汤打底加入白味噌制作的菜品，口感层次更加分明，味道也更为鲜美。这款竹节虾高汤做法上就预先煎炒了一下虾头、虾壳。

材料

竹节虾的虾头和虾壳…4只虾的

大蒜（捣碎）…3 g

生姜（捣碎）…3 g

一点五番出汁（参照第34页）…600 mL

色拉油（日式沙拉油）…适量

1 锅里倒色拉油，放入大蒜、生姜翻炒出香味后，加入竹节虾虾头和虾壳。

2 往1里倒入一点五番出汁，煮开除去浮沫，改小火继续炖煮10分钟。

3 用滤网隔着烘焙纸过滤高汤。

烤竹节虾 烤茄子 白味噌 芽葱 七味粉

甲壳类食材和白味噌味道十分契合，一起搭配往往能做出非常美味的料理。

材料（4人份）

竹节虾白味噌高汤

- 竹节虾高汤（参照本页）…400 mL
- 白味噌…30 g

竹节虾…4只

茄子…2个

芽葱…适量

七味粉（日式七味唐辛子）…适量

＊芽葱：刚萌发的叶葱嫩芽，一般在长度6~10 cm，直径约1 mm时收割，温室以水培为主。口感脆嫩，葱味清爽。新绿色也很漂亮。

1 锅里加入白味噌和竹节虾高汤。

2 洗净的竹节虾去头剥壳（虾头和虾壳用于煮汤）开背，处理好后，竹签自虾身尾部穿入直达头部，火上炙烤。

3 把茄子放火上烤后去皮，切成各30 g左右大小。

4 将3装盘，将2对切后堆叠放在3上，淋上热好的1。顶上放几根芽葱段，撒上七味粉。

◎鲍鱼高汤

把鲍鱼蒸15~20分钟，肉质就会变得很柔软。但若想要萃取出鲍鱼和贝类鲜香醇厚的滋味，那这款高汤就要花些时间炖煮了。当然好喝与否因人而异，如果加入鲍鱼内脏一起炖煮的话，高汤的味道就会更加层次分明。

材料

鲍鱼…1只（500 g）

A

- 水…700 mL
- 清酒…少量
- 昆布（真昆布）…5 g
- 萝卜（带皮萝卜）…50 g
- 瑶柱…少量

＊鲍鱼在流动的清水下洗刷干净，完整的鲍鱼连同内脏从壳里取出，浇开水汆烫一下。

1　鲍鱼（带内脏）和A一起放锅中盖上保鲜膜密封，上蒸锅蒸2小时左右。

2　用滤网隔着烘焙纸过滤高汤（带内脏的鲍鱼肉后面会用于制作菜品）。

蒸鲍鱼 素面 酸橘皮碎

这是一道能带来『吃到高汤了』惊喜感的面条料理。

材料（4人份）

鲍鱼高汤（参照本页）…上文的量

蒸好的带内脏的鲍鱼肉（上文里煮完高汤后的食材）…1只鲍鱼的

淡口酱油、味淋…各少许

面条（干面）…1人份20 g

酸橘皮碎…适量

1　按照上文做法蒸熟鲍鱼后放凉，取出内脏部分，鲍鱼肉对切后按适口大小切块，内脏部分用滤网过筛备用。

2　鲍鱼高汤倒入锅里加热，然后将1的内脏放入一些融开，加入淡口酱油、味淋调味，静置放凉。

3　煮熟面条后用冰水冷却，沥干水后装盘，摆上1切好的鲍鱼块。淋上2的高汤，最后撒上酸橘皮碎点缀。

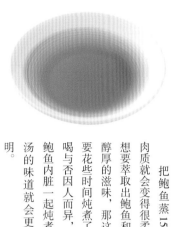

◎甲鱼高汤

众所周知，甲鱼汤其实有各种各样的做法。本店也会依不同的菜品来调整汤汁的萃取方法。本次给大家介绍的甲鱼高汤，尝起来既有『甲鱼锅』那种浓缩了整只甲鱼鲜味的醇厚，又有蔬菜的清甜。除此之外，还有把甲鱼的壳盖和甲鱼肉一起炭火烤香，然后加昆布、水、清酒一起炖煮的做法，这样做出的高汤也是很不错的。

材料（这里是方便操作的量。制作出的全部高汤若用于第41页的料理，大约可适配20人份）

甲鱼…1只

水…12合（约2.16 L）

清酒…4合（约720 mL）

生姜（切片）…20 g

昆布（真昆布）…25 g

香菇（对半切）…2朵

大葱（葱白切段）…1根

浓口酱油…适量

＊处理甲鱼的时候留下甲鱼裙边（也叫飞边，位于甲鱼周围），除去壳盖和内脏，浇开水氽烫一下，撕去薄膜层。

＊日式单位1合约相当于180 mL。

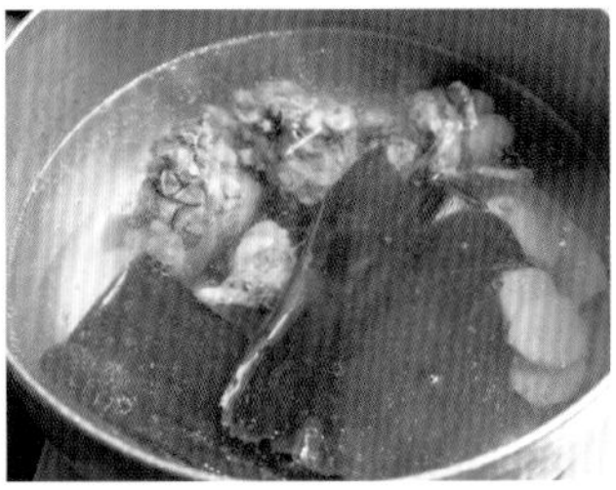

1 在加有水、清酒、生姜、昆布的锅里放入甲鱼肉和甲鱼裙边，大火煮开后去除浮沫再转小火煨。保持90 ℃左右持续加热50分钟至1小时。看情况中途可适度调大火捞除浮沫。

2 往1里放入葱段和香菇继续炖煮。

3 甲鱼的鲜味煮出来后，加浓口酱油适量调味。

4 用滤网隔着烘焙纸过滤高汤（甲鱼肉和甲鱼裙边会用到后面的菜品里）。

炖饭 甲鱼酱汁 河豚葱

以新鲜炖煮出的高汤配以甲鱼肉勾芡制成甲鱼酱汁，最后盖浇在特配米饭上，好吃得难以言表。

材料（4人份）

特调甲鱼酱汁

- 甲鱼肉和甲鱼裙边（参照第40页做法，煮完高汤后的食材）…适量
- 甲鱼高汤（参照第40页）…适量
- 木薯粉…适量

蒸饭

- 糯米…120 g
- 清酒…40 mL

河豚葱（切葱花）…少许

生姜汁…少许

＊河豚葱：外观青翠、粗细仅为1 mm左右的小细葱，最大的特点是香气浓郁，却又不抢味、不辛辣。作为河豚料理的专用葱而得名，在日本也有人把它叫福葱、安冈葱。

1 煮完高汤后的甲鱼肉拆出骨头，用手将肉撕开，将甲鱼裙边切成7 mm左右的肉丁。

2 甲鱼高汤倒入锅里加热，放入1后加入木薯粉勾芡制成酱汁。

3 蒸饭：前一晚糯米泡水，沥干水后蒸20分钟。加入清酒搅拌后再继续蒸20分钟。一一分盛出一人份约30 g的米饭。

4 将3的米饭装碗后盖浇上加热后的2，最后撒上葱花点缀，滴几滴生姜汁。

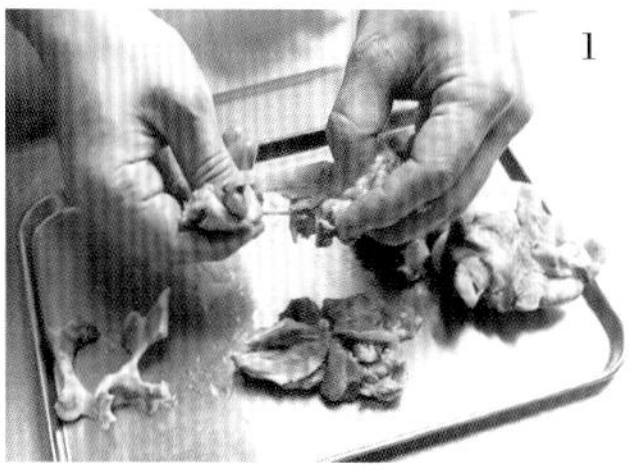

1

2

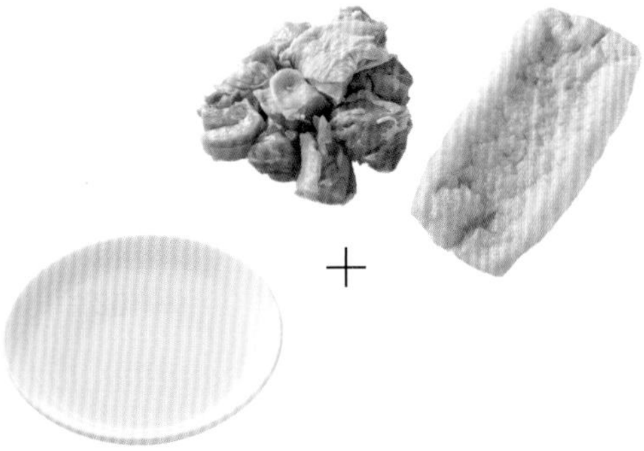

◎油豆腐鸡汤

将油豆腐（兰花干那种）和鸡肉一起加入昆布鲣鱼的高汤里炖煮，得到的汤头更加鲜香味美。用这个做汤底，加入芜菁、萝卜、冬瓜这些食材后，会成为一道从味道到口感层次都十分丰富的炖菜料理。类似于关东煮（又名熬点）。

材料
一点五番出汁（参照第34页）…1 L
鸡腿肉…半只鸡腿的
油豆腐…半片

1 鸡腿肉切3 cm大小的肉丁，浇开水汆烫至变色。然后油豆腐也放开水里一起焯一下，去除表层的浮油。

2 经1处理后的食材放入锅里，加入一点五番出汁后煮开。除去浮沫，转小火煨20分钟左右，香气四散。

3 用滤网隔着烘焙纸过滤高汤。

＊要是想早早就把芜菁放入的话，就在2中加入芜菁、淡口酱油、味淋一起炖煮。这样鸡肉和油豆腐的鲜味更能进入芜菁中。

炖芜菁 柚子皮碎

有鸡肉的鲜香加持，这道炖菜更加美味可口。

材料（4人份）
芜菁…4个
炖菜的汤底
- 油豆腐鸡汤（参照本页）…1 L
- 淡口酱油…45 mL
- 味淋…30 mL

日本柚子皮碎…适量

1 芜菁洗净，纵向削去表皮，放入炖菜的汤底里稍微煮开后关火，利用余热使其更入味。

2 盘中放上1中煨热后的芜菁，稍微淋一些1的汤底，再撒上日本柚子皮碎。

◎猪肉瑶柱高汤

五花肉很鲜，只要除去脂肪肥肉部分，稍加炖煮便能萃取出一碗清亮可口的鲜美高汤。相比之下，大腿和里脊这些部位的猪肉腥臊味会比较重。综合考量，五花肉更为适合这款汤品的制作。

材料
一点五番出汁（参照第34页）…1 L
五花肉…100 g
瑶柱…10 g

1 浇开水汆烫五花肉至变色。

2 一点五番出汁和瑶柱一起放入锅里（也可以提前把瑶柱泡在汤里），加入五花肉煮开，除去浮沫，转小火煨20分钟左右。

3 待煮出香味，用滤网隔着烘焙纸过滤高汤。

高汤制作的学问

相比鸡肉，猪肉所含谷氨酸较少，肌苷酸更多。哪怕是在还没发生美拉德反应的情况下，生猪肉炖煮短短的30分钟，鲜味成分就能被大量地萃取出来，高汤就香气四溢了。

松茸什锦汤 白果 酸橘皮碎

这是一道融合多种食材，带来多重风味，给人留下一种仿佛浓缩的土瓶蒸印象的美味汤品料理。（译者注：日式土瓶蒸是将食材装进陶土烧制成的如茶壶一般、被称作『土瓶』的容器里，再加入高汤蒸煮。）

菌类和油脂的契合度很高，料理中常用来互相搭配使用。油脂不仅增添了入口的层次感，更能丰富和凸显菜品的美味。若是把松茸炙烤一下，再搭配昆布和鲣鱼高汤的话，反而会大大掩盖松茸本身的鲜味，发挥不了菌菇汤的优势。

材料（4人份）
猪肉瑶柱高汤（参照第44页）…180 mL
松茸…120 g
白果（银杏的果实）（提前炸好）…12颗
酸橘皮碎…适量
盐…少许
色拉油（日式沙拉油）…适量

1 松茸切成适口大小，倒入加有色拉油的平底锅翻炒出香味。

2 1倒入料理机搅拌（可加入少许色拉油利于搅拌），持续少量、多次加入猪肉瑶柱高汤以充分搅拌。

3 2倒入锅里加热，加入少量盐调味，装碗后各放上3颗白果，最后撒上酸橘皮碎。

『多仁本』

谷本征治

本店所用打底的高汤，一类是用于制作椀物料理的一番出汁，另一类是搭配制作各类料理的二番出汁。此外还会用甲鱼高汤、飞鱼高汤和鲍鱼高汤等混合型高汤制作料理。制作高级日式料理的套餐时，则会基于每一道料理，配以不同类型、不同风味的高汤，以呈现出口感层次更加丰富的菜品。

鲜美的高汤自然离不开优质的食材，如果只是料理本身选用上好食材，忽略了用于萃取高汤的食材，那么美味将会瞬间崩塌。本店选用的昆布是经过长时间发酵的优质昆布，用于萃取一番出汁的鲣鱼干也是仅选取本枯节（参见第182页）的背部。

本店配有高汤制作专员。在我看来，高汤的萃取从头到尾如果不是出自同一人的话，味道上多少会有偏差，导致很难达成高汤与套餐料理完美契合的目标。

谷本征治

1980年生于日本大阪府。为了成为独立料理人，曾先后在滋贺县的多家高级日式料理店研习进修。2017年在特色高级日料店云集的东京四谷（荒木町）开设餐厅『多仁本』，担任主厨。餐厅小而精美，只有区区8个吧台座位，但谷本征治秉承对料理精进不言败的信念，在为食客们奉上一道道精美菜品的同时，始终坚持锤炼自己的厨艺基本功。店内一律严选优质的上好食材，也非常重视高汤的制作。例如昆布高汤，是选取了窖藏的利尻昆布珍品以冷泡方式萃取而成的。一番出汁的鲣鱼干也是坚持使用本枯节的背部，结合食客的到店时间新鲜现刨。

◎昆布高汤

有段时间，大部分昆布高汤都用真昆布萃取，出来的汤头鲜得有点过了。后来我们改用常温发酵的利尻昆布。自从换了利尻昆布，做出来的高汤味道更加鲜香适中。昆布高汤如果加热炖煮，会有令人不悦的腥味，所以我们采用冷萃法制取。

材料

昆布（利尻昆布）…35 g

水（天然水）… 8合（约1.44 L，可根据个人喜好增减水量，调节汤头浓淡）

昆布在水中浸泡一晚，用于制作高汤。

◎一番出汁

根据客人的到店时间，现刨鲣鱼干。用昆布高汤和鱼背部分制作出清澈爽口、汤色鲜亮的一番出汁。

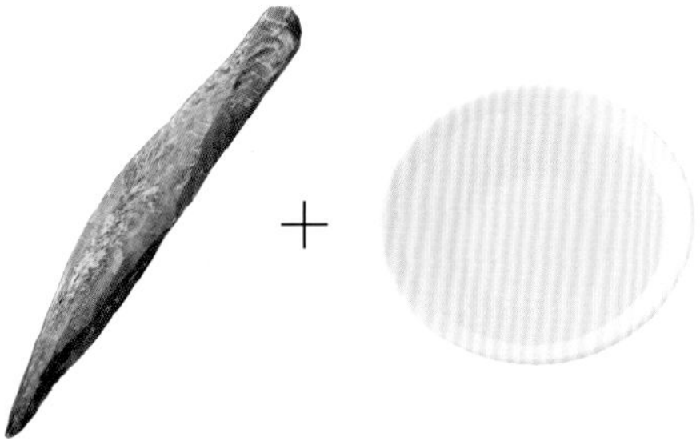

材料

昆布高汤（参照第47页）…7合（约1.26 L）

水（天然水）…适量备用（用于降温、防沸腾溢锅）

鲣鱼干（本枯节背部）…1把

1 结合客人到店时间现刨鲣鱼干。

2 刨好的鲣鱼干薄片（即木鱼花，刨出来的鱼干薄片卷起的样子类似刨花）备用。

3 昆布高汤中捞出昆布，加热到刚好将沸不沸的程度，除去浮沫。

4 关火，加水将高汤的水温降至75 ℃。

5 放入2的鲣鱼干薄片。

6 静置20秒左右，用铺好了烘焙纸的滤网过滤高汤。

◎二番出汁

用制作过昆布高汤的昆布再加上新的昆布，还有刨好的鲣鱼干薄片，一起炖煮出二番出汁。因为不用像一番出汁那么在意香气，所以当天（不用刻意考虑客人到店时间）备料的时候做好即可。

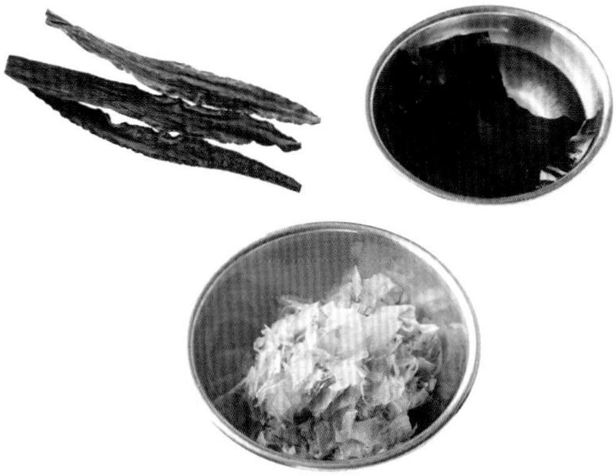

材料

昆布（参照第47页，制作过昆布高汤的昆布和新的利尻昆布）…适量

水…适量

鲣鱼干（去除鱼背上发黑部分）…适量

1 制作过昆布高汤的昆布和新的利尻昆布一起放入锅中，倒水盖过昆布，开火熬煮。

2 煮开后静置10分钟，捞起昆布。

3 放入鲣鱼干。

4 小火煨5~10分钟。

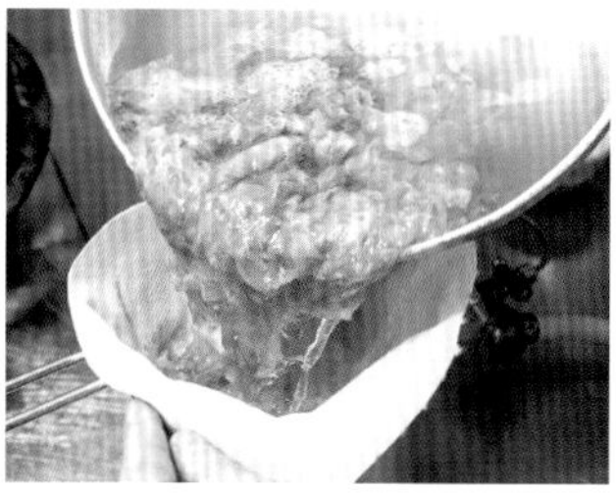

5 用铺好了烘焙纸的滤网过滤高汤。

6 用烘焙纸包好底料汤渣，再用汤勺挤压出残留的精华汤汁。

飞弹牛肉 加茂茄子 九条葱涮涮锅风味炖菜

这道菜品汇集了炸茄子的松脆，九条葱的清甜，再配以飞弹牛肉的美味和口感，堪称一绝。

材料（1人份）

牛里脊肉（飞弹牛肉切片）…40~50 g

加茂茄子…1/6个

九条葱…1根

二番出汁（参照第49页）…适量

味淋、盐、淡口酱油…各适量

油炸用油…适量

花椒粉…少量

＊九条葱：日本大葱的代表品种。既有粗身葱栽培种，也有细身葱栽培种，但共同特点都是葱白短，葱叶长，整株可食用。

1 加茂茄子去皮后切5~6等份，过油炸。二番出汁加入味淋、盐、淡口酱油，倒入锅中，煮2~3分钟。

2 切成适当长度葱段的九条葱和牛肉一起加入1中烫熟。

3 2盛碗后，顶部撒上少许花椒粉。

鳗鱼白果蒸藕泥配山葵

浇上二番出汁勾芡出的酱汁。

材料

鳗鱼… 适量

鳗鱼调味料…适量

白果…适量

油炸用油…适量

藕…适量

二番出汁（参照第49页）…适量

味淋、盐、淡口酱油…各适量

葛粉水…适量

山葵泥…适量

＊鳗鱼腹部切开，放入真空食品袋封存冷藏一周。

＊鳗鱼调味料：烤熟的鳗鱼骨适量，味淋4.5合（约810 mL），浓口酱油2.6合（约468 mL），溜酱油（又名刺身酱油）0.8合（约144 mL），煮酒（煮沸待酒精挥发后的清酒或者米酒）0.5合（约90 mL），一起混合后加热。

1 切开的鳗鱼先不放调味料就烤，然后均匀涂抹上鳗鱼调味料继续烤。

2 白果剥壳后放锅里过油炸，然后去外皮。

3 藕去皮后磨成泥，沥干水，加盐调味，轻轻揉搓成团后，放入铺好烘焙纸的盘里蒸熟。

4 二番出汁加热后，放入味淋、盐、淡口酱油调味，再倒入葛粉水勾芡出酱汁。

5 1烤好后切成适口大小，盛碗后放上3，将2点缀其间，浇上4的酱汁，最后顶部挤上山葵泥。

◎鳗鱼高汤

鳗鱼高汤搭配一番出汁，常用于椀物料理。

材料

鳗鱼中骨…适量

昆布高汤（参照第47页）…适量

水（天然水）、清酒、盐…各适量

1 鳗鱼中骨均匀地抹盐后静置1小时，放入开水里汆烫一下。

2 过冰水冷却，然后沥干水备用。

3 锅里倒入昆布高汤后开火煮，除去浮沫。

4 3里加入适量清酒、水，放入2。

5 控制火候不让高汤沸腾，小火煨30分钟左右。

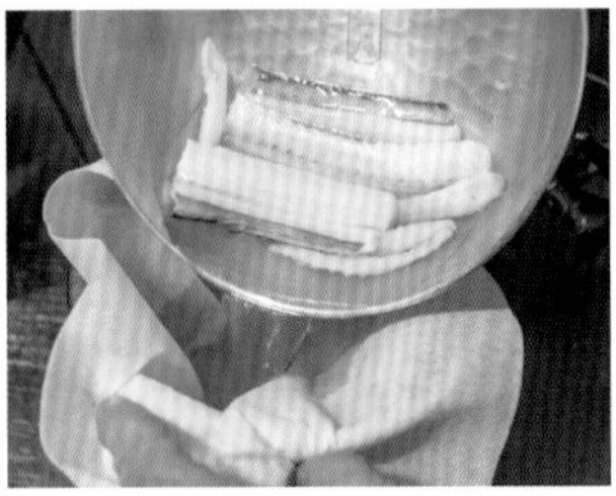

6 用铺好烘焙纸的滤网过滤高汤。

高汤制作的学问

鳗鱼骨里氨基酸很少，但附着在鱼骨上的鳗鱼肉含有氨基酸，其中的谷氨酸是汤头鲜味的来源。从切成薄片的金枪鱼就能看出，鱼骨上附着了不少鱼肉，为高汤带来鲜美的滋味。至于骨头，最令人期待的是它的胶原蛋白，除此之外还有骨髓和优质的脂肪，这些都能为高汤带来独特的香气，使高汤美味加分。

鳗鱼冬瓜万愿寺辣椒椀物

配有一番出汁的鳗鱼高汤，炖煮出来的汤头尤为浓郁鲜香。→做法详见第 208 页

◎鲍鱼高汤

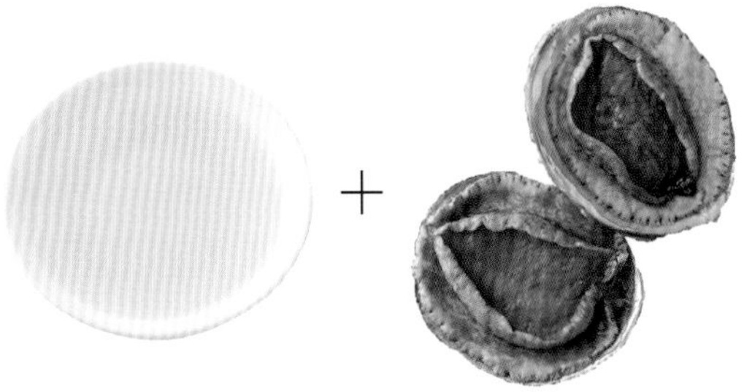

从壳中取出鲍鱼肉，放入添加了清酒、水、二番出汁的汤底中，一起上锅蒸制萃取高汤。由于鲍鱼本身含盐分，所以不用额外再放盐了。

材料
鲍鱼…适量
水（天然水）…适量
二番出汁（参照第49页）…适量
清酒…适量

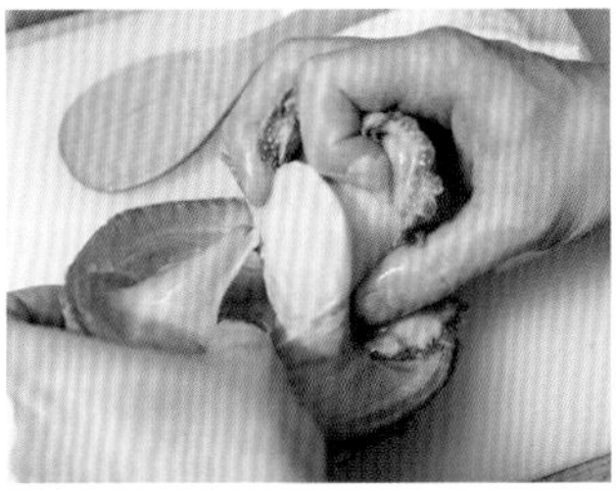

1 将鲍鱼在流动的清水下洗刷干净，用饭勺从壳中挖出鲍鱼肉。

2 肝脏部分不用于高汤的萃取，这时候直接挖出。

3 处理好的鲍鱼肉放入锅中，加入水、清酒、二番出汁（按1：1：1的量）后开大火炖煮。

4 除去表面的浮沫。

5 连同炖锅一起放入已上汽的蒸锅中蒸3~5小时。

6 中途根据鲍鱼的硬度调节火候。

7 蒸好后连同炖锅一起放入冰水中冷却，让鲍鱼更入味（后续会用于制作料理），剩下的汤底则可用作料理高汤。

鲍鱼 加茂茄子 海胆汤冻 青柚子皮碎

鲍鱼肝脏部分另外烹制，裹上酱汁后铺在底部，也不失为一种不错的呈现方式。

材料

加茂茄子…适量
蒸熟的鲍鱼（参照第54页的做法）…适量
生海胆…适量
鲍鱼高汤（参照第54页）…适量
油炸用油…适量
二番出汁（参照第49页）…适量
淡口酱油、味淋、盐、醋、吉利丁片…各适量
青柚子皮碎…适量

1 加茂茄子洗净去皮，切成5~6等份，过油炸后加入二番出汁、味淋、盐、淡口酱油轻轻搅拌，开火煨煮2~3分钟，静置冷却。

2 蒸熟的鲍鱼切成适口大小。

3 开火加热鲍鱼高汤，放入淡口酱油、味淋、盐、醋，拌入泡发后的吉利丁片，静置冷却成汤冻。

4 将1和2盛入碗中，盖上生海胆后淋上3的汤冻，最后顶部撒上青柚子皮碎。

◎甲鱼高汤

无须加入昆布等其他食材，这是一款仅凭甲鱼单一食材就能萃取出的美味高汤。

材料
甲鱼… 1只
水…8合（约1.44 L）
清酒…6合（约1.08 L）
淡口酱油…适量

＊甲鱼事先处理干净。

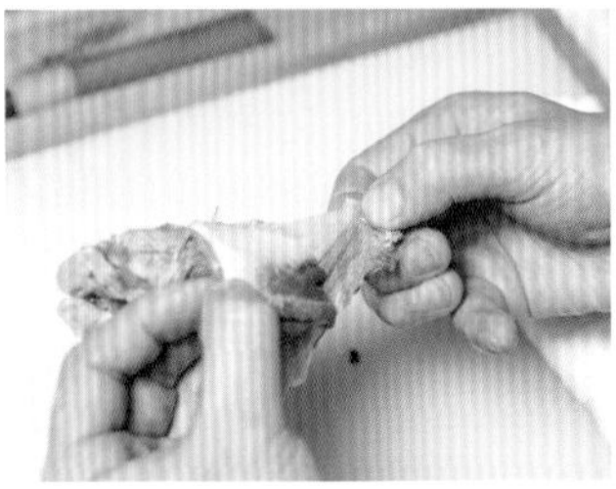

1 将甲鱼肉、裙边、硬壳浇开水氽烫，撕去薄膜层备用。

2 锅里加水、清酒，大火煮开后放入1。

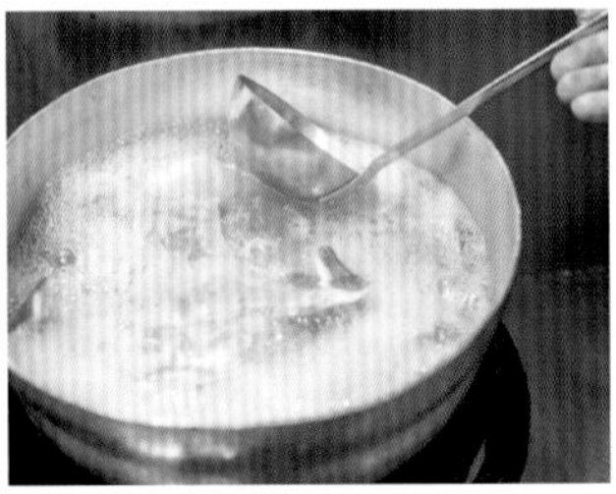

3 继续炖煮30分钟（注意火候偶尔需转小火），除去表层浮沫。

4 适时往锅里加水，不让汤煮干。

5 甲鱼肉煮软到轻微透明时，加淡口酱油调味。

6 继续炖煮约10分钟。

7 连锅一起放入冰水里冷却。放凉后用铺有烘焙纸的滤网过滤高汤。

甲鱼生姜土锅炖饭

将熬煮过高汤的甲鱼肉切碎，配以浓郁的甲鱼高汤做成的土锅炖饭，是一道能将甲鱼的美味发挥到极致、没有丝毫浪费的料理。→做法详见第208页

◎飞鱼高汤

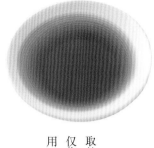

这是一道以烤飞鱼干萃取的高汤。本店将飞鱼高汤仅作为面条类料理的汤头使用。

+

材料

烤飞鱼干… 适量

二番出汁（参照第49页）… 适量

浓口酱油…适量

味淋…适量

淡口酱油…适量

煮酒…适量

鲣鱼干…适量

1 烤飞鱼干去除内脏部分后，放入二番出汁里浸泡半天，再开火炖煮。

2 10分钟后香气渐渐煮出来，再加入浓口酱油、味淋、淡口酱油、煮酒调味。

3 放入鲣鱼干后立刻关火。

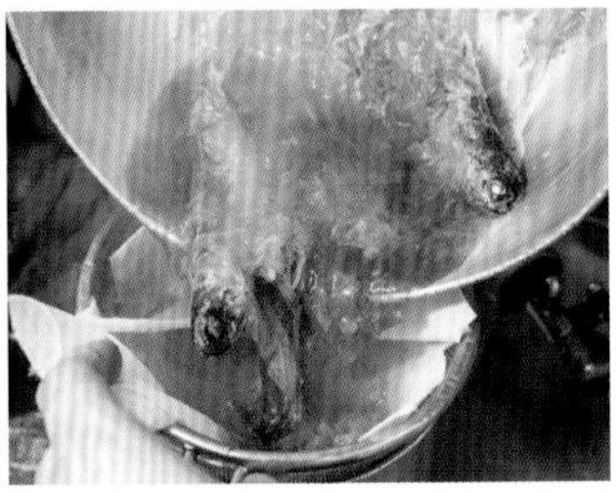

4 用铺好了烘焙纸的滤网过滤高汤。

5 用烘焙纸包好底料汤渣，再用汤勺挤压出残留的精华汤汁。

高汤制作的学问

烤飞鱼干中的谷氨酸和肌苷酸含量与沙丁鱼干差不多，以之萃取出的高汤十分鲜香浓郁。同时，飞鱼在烤制过程中发生的美拉德反应和脂质氧化反应，会让这道飞鱼高汤比沙丁鱼萃取的高汤更具风味。因为高汤本身的独特风味，在应用上需要花点功夫，才能出品独具特色的料理。

鸭肉 烤无花果 半田汤面 芽葱

这是一道能充分体现出高汤味道的料理。在高级的日料套餐中以汤面的方式呈现，能让食客充分感受到某种张弛有度的丰富滋味。

材料

鸭胸肉…适量
无花果…适量
半田面…适量
柚子胡椒 …适量
飞鱼高汤（参照第58页）…适量
煮酒、浓口酱油、味淋…各适量
芽葱…适量

*半田面的特点是面条粗、韧性强。

1 加热平底锅，煎烤鸭胸肉的外皮，彻底去除脂肪层。
2 按3：0.9：0.5的比例依次往锅里加入煮酒、浓口酱油、味淋后搅拌均匀。放入1，不时翻面，加热约15分钟。
3 将2的鸭肉和酱汁分开静置放凉后，鸭肉重新放回酱汁里腌制半天至一天入味。
4 无花果洗净去皮后大火炙烤，切成适口大小。
5 3的鸭肉也切成适口大小，双面细划几刀更便于咀嚼，带皮面抹柚子胡椒。
6 半田面煮熟后淋凉水，再放入冰水里冷却沥干（可使其口感更筋道）。4和5与面条一起装碗，淋上放凉的飞鱼高汤，顶部摆上芽葱。

『手岛 Tenoshima』

林亮平

本店出品的一番出汁，使用的是产自香深的利尻昆布和一本钓（参见第181页）的鲣鱼干。昆布和鲣鱼干都尽可能减少用量，充分利用二者相辅相成的提鲜效果，如此也能做出令食客称道的美味高汤。

众所周知，昆布在日式高汤中是不可或缺的存在。现阶段而言，完全不靠昆布几乎是无法做出正宗美味的高汤的。但年复一年日复一日地采收昆布，恐怕也会面临食材枯竭的问题。所以我大胆地实践了在没有昆布的前提下，新品高汤的萃取方式。

当初开店时，我将小鱼干萃取出的高汤作为店里的主打招牌。也是想借此告诉大家，不仅仅只有靠昆布和鲣鱼才能出高汤。其实在日本不少乡下地方，不乏代表当地特色的高汤和料理，向人们传达着大自然对这方水土的恩惠。总有一天，我会回到自己的故乡，凭着在城市打拼学艺的料理技法，将故乡的本土特色料理发扬光大，秉承料理人的责任将其传承下去。届时没准儿还能研发出新时代的日本料理。

林亮平

1976年生于香川县丸龟市。在冈山县长大，师从京都名店『菊乃井』主厨村田吉弘先生。日常不仅勤奋学习厨艺，更积累了丰富的食材处理经验。修业了17年后于2018年独自创业，在东京都青山开了自己的餐厅『手岛Tenoshima』。

日常在控制成本的同时，积极研发如何高效做出让食客称道、让自己满意的高汤。在意识到日式高汤对昆布的过于依赖后，也摸索着脱离昆布制汤的可行路径。

鲜味成分一览表

从“手岛 Tenoshima”出品的高汤，整理出下文的各种鲜味组合。

虽说总体上分为“用昆布”“不用昆布”两大类，但如下所示含昆布的高汤一目了然占了大多数。其中昆布是如何与各类食材组合搭配的，可参照下图。

不使用昆布做高汤的，就是生火腿鸡汤和番茄高汤两种。最右侧列举的是本书中应用该款高汤的料理。

◎用昆布做的高汤

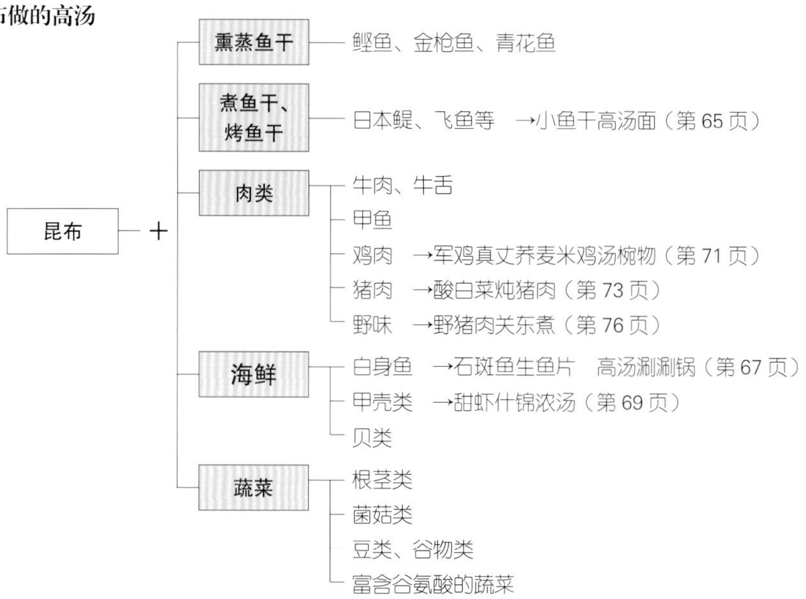

◎不用昆布做的高汤

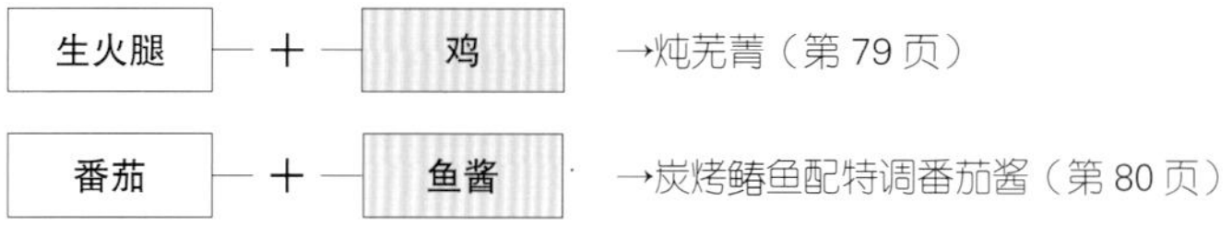

从动物蛋白中提炼高汤的制作方法

如果想用新鲜的鱼类、肉类或是骨头等萃取高汤，请牢记下图的烹制方式。将每个环节都熟记于心，后面就能运用自如了。具体选用哪种方式，可视想要制作的料理而定。

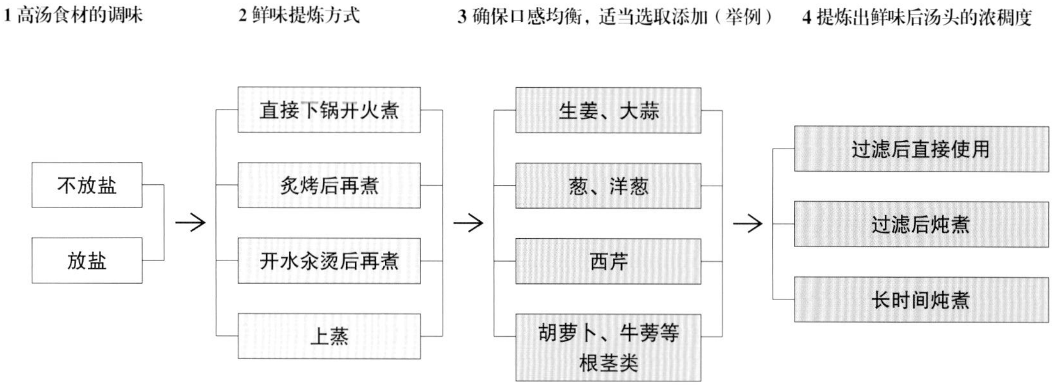

◎昆布高汤

本店的昆布高汤常作为一番出汁和制作其他高汤的基底来使用。昆布选取的是香深产的三级利尻昆布。别看是三级昆布，已经足够萃取出十分美味的高汤了。我们没有过度追求昆布高汤的风味，考虑的反而是如何以最少量的食材提取出最大鲜度的高汤。在不断地尝试和努力下，摸索出了专属于本店昆布高汤的制作方法。

材料
昆布（香深海岸出产的三级利尻昆布）…15 g
水…1 L

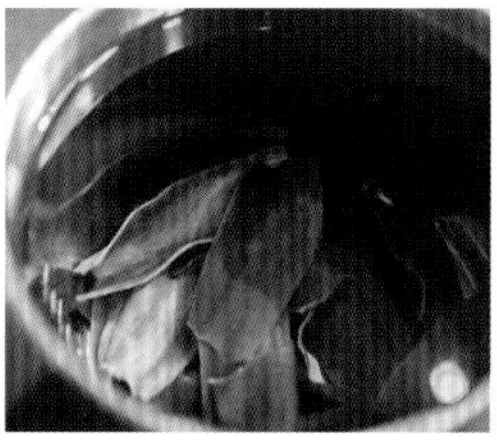

1 制作高汤前一日，把昆布浸泡水里盖好锅盖，常温（20 ℃上下）静置一晚（8~12小时）。

2 取下锅盖，开火加热至62~63 ℃。

3 盖上锅盖，放入蒸烤箱（设定65 ℃、100%湿度）加热1~1.5小时。

4 加热结束后的样子。

5 捞出昆布。

高汤制作的学问

鲜味的来源谷氨酸和其他氨基酸都是水溶性的，所以通过长时间浸泡，这些成分就能溶于水中。此前的冷萃阶段，昆布的精华成分就释放出很多了。当加热到65 ℃时，又在一定程度上破坏了昆布的组织。至于汤的香味，诚然，加热会发生一系列的化学反应，但因为我们没有刻意去追求昆布高汤的香气，所以也不用一定要加热到100 ℃。

◎一番出汁

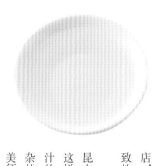

本店制作一番出汁的鲣鱼干从『Taiko』店（东京都晴海区）进货，选用近海一本钓且去除了鱼背上发黑部分的本枯节。如果不严选此种鲣鱼干，就无法采用这样的制作方式做出理想状态的一番出汁，哪怕煮开高汤也会有酸涩的杂味。之所以执着于这家店，因为他们一直采用传统古法制作工艺，精心细致地加工出优良的本枯节。

这样萃取出的高汤，非常清亮纯粹，毫无杂质。昆布高汤经高温煮开，肌苷酸能很好地释放出来。这样鲣鱼干的用量相应地也会减少。我们对一番出汁的追求是简单纯粹的鲜味，并不需要凸显其他复杂的味道。只要汤色清亮，汤汁清澈，味道单纯鲜美便是理想中的好高汤。

本店的一番出汁常用于椀物料理的制作，加入根茎类食材长时间炖煮也不会出现酸涩等杂味。以此类推，发散思维，说不定还能做出更多的美味料理。

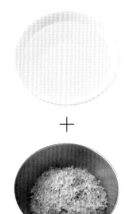

＋

材料
昆布高汤（参照第62页）…1 L
鲣鱼干（一本钓的本枯节，现刨）…15 g

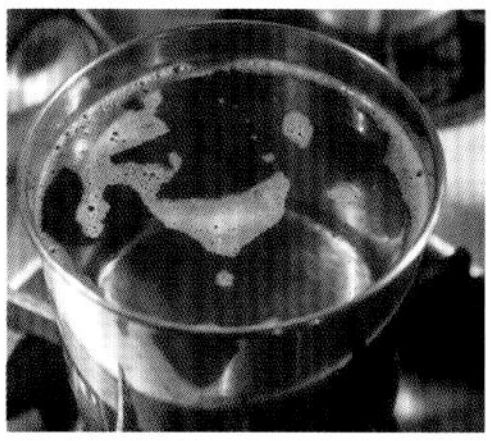

1 开火煮开昆布高汤。

2 加入鲣鱼干。

3 转小火继续加热5分钟。

4 关火。

5 用双层滤网过滤高汤。
＊滤网上加套一层网眼更密的滤网。

6 用汤勺挤压出底料汤渣里残留的精华汤汁。

高汤制作的学问

加热5分钟煮开高汤，还要挤压出底料汤渣残留的精华汤汁，这不仅仅是为了获取鲣鱼干中的鲜味成分肌苷酸，还能充分获取其中的组氨酸等氨基酸成分。后者虽然会带来入口时的酸涩味，但我们喝汤时却没有感受到这一点，这恐怕是因为鲜味成分的相互作用叠加效应太过强烈，很大程度上抑制了其他酸涩的杂味。

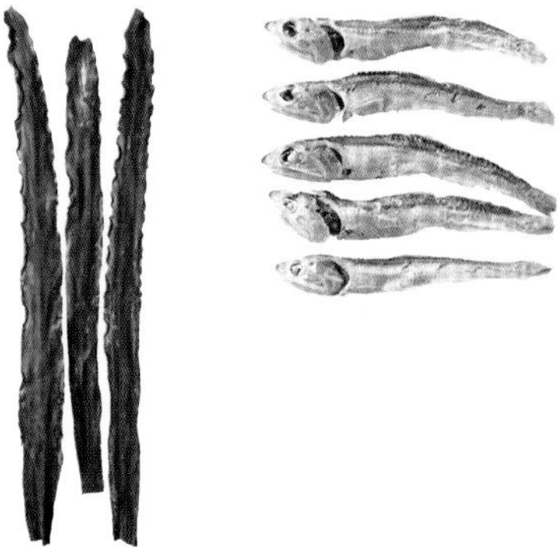

◎小鱼干高汤

这是一款从一开始便想作为本店特色主打而研发出的高汤。自从邂逅『山国』家（香川县）的小鱼干之后，我就有了能做出这款高汤的信心。入口生香的鲜鱼，不一定全都适合用来烹制高汤，不论是鲣鱼还是日本鳀都如此。脂肪的氧化是鱼类散发腥臭味的元凶，也是制作高汤的不利因素。但选用完全不含脂肪的鱼类也是行不通的。因此，综合甄选出适合萃取高汤的鱼类就非常重要了。不得不说『山国』家产的小鱼干就非常合适。

烹制高汤前，用微波炉稍微加热小鱼干。这么做能有效去除鱼腥味，这种方法同样适用于其他没有像鲣鱼干那样经历过熏蒸作业的鱼干类，不仅比单纯干煎来得容易，还能大幅缩短烹制时间。

材料

小鱼干（濑户内海燧滩出产）…11 g（去鳃和内脏后的重量）

昆布（香深海岸出产的三级利尻昆布）…15 g

水…1 L

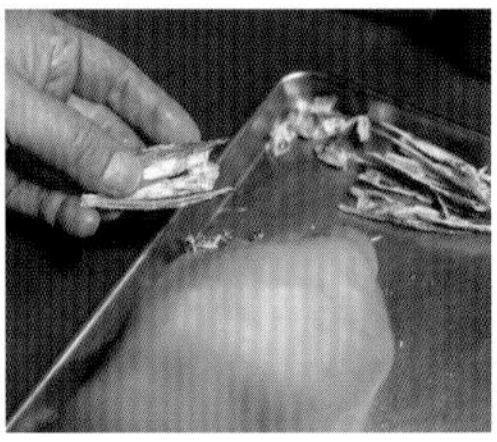

1 做高汤前一日，预先处理好小鱼干（鱼头、鱼身分开，掏出鱼鳃和内脏，鱼身对半切开）。

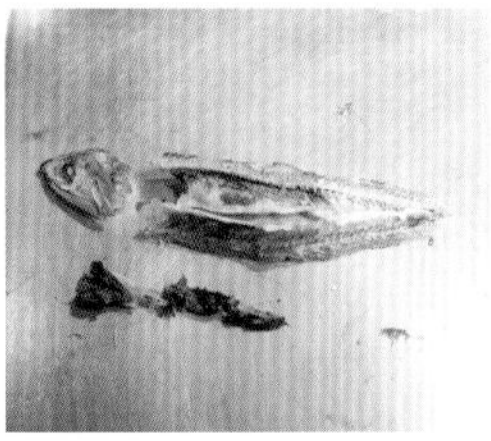

2 只留下鱼头和鱼身（鱼鳃、内脏丢弃不用）。

3 计算好鱼头和鱼身重量，放入微波炉（600 W）加热45秒，稍微搅拌一下再加热45秒。

4 将3和昆布一起放入锅中，加水后盖上锅盖，常温（20 ℃上下）静置一晚（8~12小时）。

5 拿下锅盖，开火加热至62~63 ℃继续炖煮。

6 盖上锅盖，放入蒸烤箱（设定65 ℃、100%湿度）加热1~1.5小时。

7 从蒸烤箱取出，揭开锅盖，继续开火煮至沸腾，使小鱼干和昆布的腥味挥发掉。

8 用双层滤网过滤高汤。

高汤制作的学问

小鱼干的鲜味源自肌苷酸，一起入口的还有昆布中所含的谷氨酸，二者的相辅相成作用，使汤头喝起来更加浓郁鲜香。由于小鱼干容易发生脂质氧化反应而产生鱼腥味，要特别注意密封保存。烹制高汤的时候，长时间过度加热更容易造成脂质氧化，于是改为微波炉快速加热的方式，加热、脱水一气呵成。这种加热方式大大减少了发生脂质氧化反应的时间，也不易生成新的脂质氧化物，从而杜绝散发腥臭味。

小鱼干高汤面

这道高汤面是用小鱼干和昆布一起加热烹制而成，刻意带出一点小鱼干和昆布本身的海腥味。在纯净的味道中掺入一点杂味，越发衬托出高汤的醇厚浓烈。若想直接感受小鱼干高汤的鲜美，质朴简单的面条料理再合适不过了。→做法详见第209页

◎石斑鱼高汤

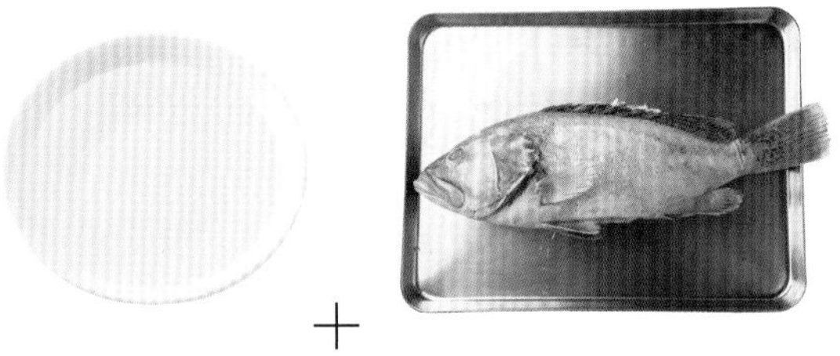

制作海鲜鱼类的高汤要注意不能炖煮太久，贝类、甲壳类也是一样。烹制15~20分钟就差不多了。如果加热时长超过30分钟，就会煮出腥臭味。如果想要汤头更浓郁，可以在过滤高汤后，继续熬煮滤好的汤汁。

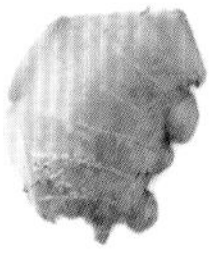

材料

石斑鱼（七带石斑鱼）的边角料…200 g

昆布高汤（参照第62页）…1 L

生姜（切片）…15 g

清酒…50 mL

1 整条鱼刮鳞片，在流动的清水下洗净，浇开水汆烫后置于冰水里冷却。

2 擦干水，进行三枚切（三枚切是一种分割鱼的方式：用刀沿着鱼的中骨，将鱼剖成三片，即两个鱼身片和1个鱼骨片）。鱼头、鱼骨等边角料做汤，鱼身部分后续用于做料理。

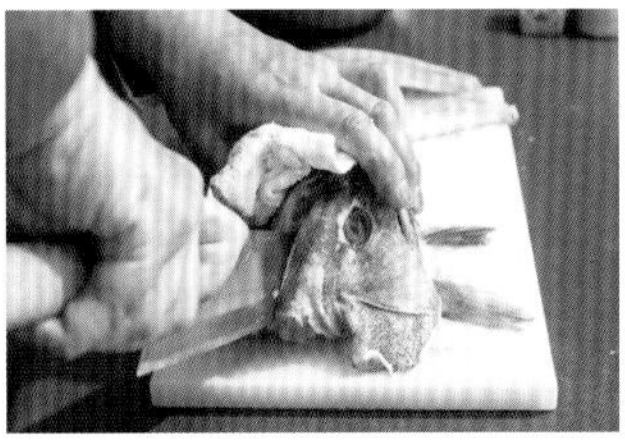

3 边角料切成5 cm块状，仔细去除血水和黏液。

4 将3在铺有烘焙纸的烤盘上摆好，进蒸烤箱（设定260 ℃、湿度50%）烘烤10分钟。

5 烤至表面色泽焦黄均匀。

6 5倒入锅中，加入昆布高汤、生姜片、清酒后开火炖煮。

7 炖煮15分钟后关火，静置30分钟。

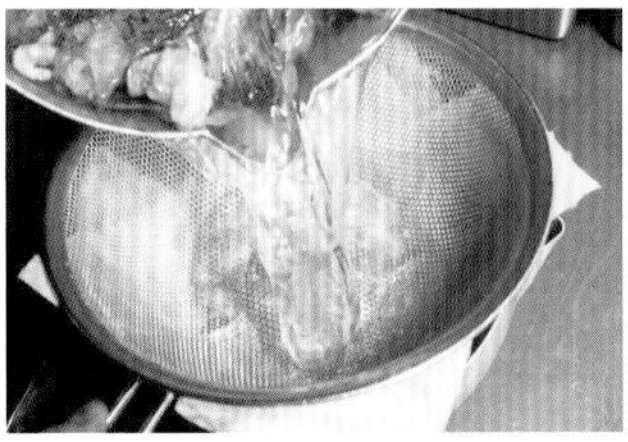

8 再次开火炖煮，煮开后用滤网隔着烘焙纸过滤高汤。

9 汤锅放入冰水里冷却，凝固后将油脂部分去除。

高汤制作的学问

以鱼的边角料来萃取高汤时，用到了鱼中骨这些含血水较多的部分，汤容易产生腥味。因此，处理过程中彻底地去除血水是很重要的一环。此外，加热过程发生美拉德反应散发的焦香气也很好地掩盖了腥味。法式料理在制作过程中，大厨常用香料来提香，借鉴这个方式来去除鱼腥味也未尝不可。

石斑鱼生鱼片 高汤涮涮锅

温热的石斑鱼生鱼片，散发着浓郁的石斑鱼高汤的鲜香味。这是因为石斑鱼高汤中的胶质成分，让鲜味成分牢牢吸附在生鱼片上。→做法详见第209页

◎甜虾高汤

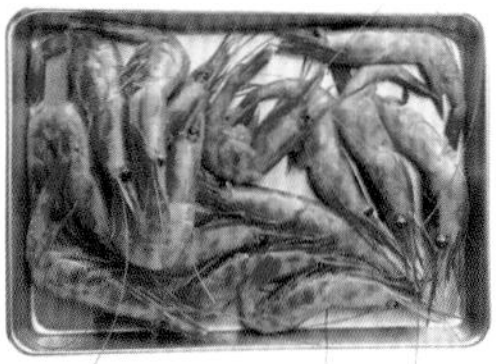

＋

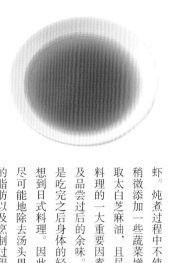

这款高汤用料是市面上价格亲民的冷冻甜虾。炖煮过程中不使用黄油等其他动物油脂，只稍微添加一些蔬菜增加汤头的清甜。用油也是选取太白芝麻油，且尽量减少用量。识别各国特色料理的一大重要因素，便是美食呈现的色香味以及品尝过后的余味。说起料理的至上美味，尤其是吃完之后身体的轻盈舒畅感，恐怕就很容易联想到日式料理。因此，这款高汤制作过程中，也尽可能地除去汤头里多余的油脂。甜虾本身所含的脂肪以及烹制过程中所用的油脂，都会在过滤高汤的环节中一并去除干净。

材料

甜虾…500 g
白洋葱…250 g
西芹…55 g
胡萝卜…90 g
番茄…125 g
清酒…500 mL
昆布高汤（参照第62页）…2.5 L
太白芝麻油…50 mL

1 将甜虾在铺有烘焙纸的烤盘上摆好，进蒸烤箱（设定260 ℃、湿度50%）烘烤9分钟至焦黄。

2 1倒入搅拌机中，绞成碎虾肉备用。

3 白洋葱、西芹、胡萝卜、番茄各自切成1 cm大小的丁。锅里倒入太白芝麻油，加入洋葱丁、西芹丁、胡萝卜丁一起翻炒，炒到偏软。

4 3里放入番茄丁翻炒后，转入深汤锅里备用。

5 炒锅里加入2再次翻炒。

6 继续翻炒，炒出香气后加清酒（生锅炒焦的部分直接刮除）。

7 6转移至已放蔬菜的深汤锅中。

8 锅里加入昆布高汤。

9 开火炖煮25分钟。

10 用滤网隔着烘焙纸过滤高汤。

11 用汤勺挤压出底料汤渣里残留的精华汤汁。

高汤制作的学问

甜虾长在深海，含丰富的蛋白质分解酶，甜虾死后也能自行分解虾肉中的蛋白质，生成大量的甘氨酸、丙氨酸等甜味氨基酸化合物，这就解释了甜虾为何“甜”。加热过程中容易发生美拉德反应，所以要特别注意调节火候。洋葱、胡萝卜这类蔬菜富含葡萄糖，和甜虾一起烹制翻炒也会发生美拉德反应，这时需要看准时间，把握火候。在生锅炒煳前出锅，就能炖煮出清香四溢的甜虾高汤。再者，清酒的加入可将锅底焦煳部分即美拉德反应生成物除掉（亦即法式料理中常说的déglacer——加入液体溶化焦化物，使精华释出，再收干汤汁的过程），这一步不可或缺。

甜虾什锦浓汤

这是添加了白味噌的一道浓汤料理。入口香浓绵密丝滑，吃起来又感觉清爽无负担不厚重，实属典型的特色日式料理。

能带来味觉冲击的甜虾什锦浓汤，建议小份少量食用，或者搭配其他料理当佐餐酱汁使用。→做法详见第210页

◎鸡汤

这款鸡汤是去除了鸡皮和油脂部分，仅选取鸡胸肉来制作的。和其他高汤一样，油脂是不必要的成分，甚至有点成事不足、败事有余，所以萃取过程中应尽量把油脂除干净。这道鸡汤还含有昆布和清酒散发的鲜香味。此外，少量干香菇的加入也能为鸡汤提鲜，在喝汤的时候还不易觉察到香菇的存在。

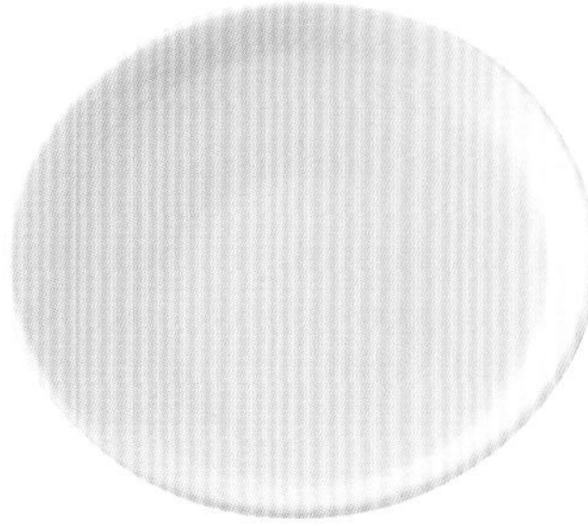

材料

昆布干香菇高汤…1 L

清酒…50 mL

军鸡鸡胸肉肉糜（去鸡皮、油脂后剁碎成肉糜）…150 g

翅中…200 g

生姜…20 g

＊昆布干香菇高汤：前一日把15 g利尻昆布和5 g干香菇泡水（水量1 L），参照第62页昆布高汤的做法即可。

1 翅中在铺好了烘焙纸的烤盘中依次摆开，进蒸烤箱烘烤至色泽焦黄均匀。

2 鸡肉糜倒入锅中，加入凉的昆布干香菇高汤、清酒、生姜，搅拌均匀。

3 1加入2中，开火加热炖煮。

4 注意不要让锅里的材料生锅烧焦，控制火候并且不断搅动。

5 持续加热炖煮。

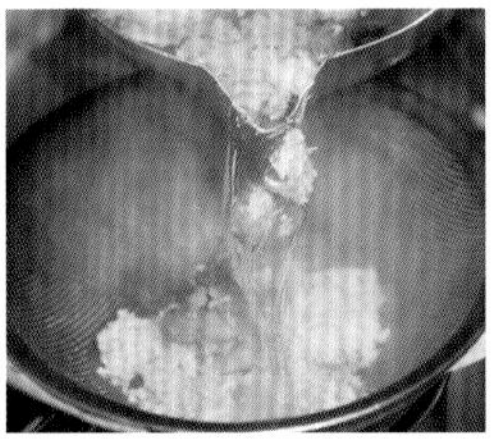

6 用滤网隔着烘焙纸过滤高汤。

7 用汤勺挤压出底料汤渣里残留的精华汤汁。

高汤制作的学问

本次选取的鸡胸肉相比鸡腿肉，含更多的鲜味成分和更少的脂肪，因此更适合高汤的萃取。鸡胸肉剁成肉糜从凉的状态到加热的这一过程，肉糜中的蛋白质会慢慢凝结，使原本浑浊的油脂浮在表面，方便去除。撇去油脂层后就能得到清亮鲜美的鸡汤了。

军鸡真丈荞麦米鸡汤椀物

这是一道改良自德岛县的乡土料理『荞麦米杂炊』的椀物料理。仅凭鸡汤『上阵』力量略显单薄，故在此基础上再融合一番出汁，便成就了这道优雅独特的料理。→做法详见第210页

◎猪肉高汤

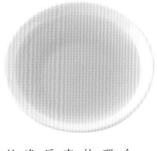

这款高汤和甲鱼高汤一个类型，都是采用做菜的料理食材来萃取的。虽说选用的是脂肪含量较高的猪五花肉，但炖煮完成待油脂凝固后，可以将油脂全部清除干净，最后出汤清亮，不会有丝毫的油腻感。

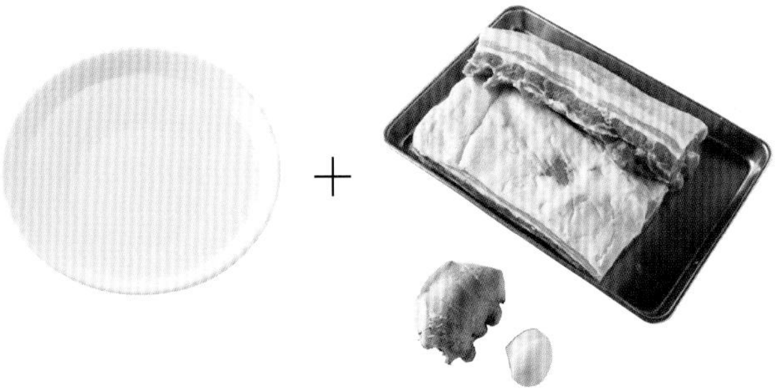

材料

猪五花肉（切块）…800 g

昆布高汤（参照第62页）…2.7 L

清酒…540 mL

生姜（带皮切厚片）…50 g

大蒜…1头

1 五花肉切3等份，在铺好了烘焙纸的烤盘中依次摆开，放入蒸烤箱（设定230 ℃、30%湿度）烤13分钟。

2 所有材料放入高压锅里。

3 盖上锅盖，加热40分钟。

4 带锅隔水冷却，让油脂部分渐渐凝固。

5 撇去表层凝固的脂肪，用滤网隔着烘焙纸过滤高汤。

6 取出汤渣底料里的猪肉（后续做菜还会用到），汤水部分再次倒回5的滤网里二次过滤。

高汤制作的学问

猪肉高汤之所以美味，主要是因为肉里所含的氨基酸和脂肪层带来的特有香气，外加胶原蛋白赋予的胶质浓稠感。脂肪中含有不少胶原蛋白，所以这里选取的是五花肉。胶原蛋白溶于水，汤炖煮时间过长，变得太浓稠会呈凝胶状。为了有效避免这种情况发生，特意选择高压锅来控制温度和气压，使制汤过程缩短。油脂往往会让汤变得浑浊，只要在冷却后把表层的油脂撇干净，就能获得透亮见底且香味四溢的猪肉高汤了。

酸白菜炖猪肉

醇香扑鼻的猪肉与开胃爽口的古法腌白菜，实在是很搭。→做法详见第 211 页

◎野味高汤

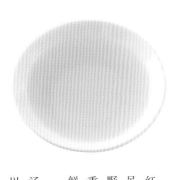

这款野味高汤是用野猪猪骨、碎野猪肉和红肉为主的碎鹿肉一起炖煮，鲜味得以强化。虽然放了大蒜，但在喝汤的时候却感觉不到。野猪肉的脂肪含量较高，因此除油脂工作是很重要的一环。哪怕是野味，只要用了上好的新鲜食材，做出来的高汤也不会有腥臊味。

高汤炖煮到后面阶段，因发生美拉德反应汤头会越发浓厚。如果不想汤头过于浓厚，可以炖煮到一定程度就开始过滤。手边如果有蔬菜边角料，尤其是根茎类食材就一起放入炖煮，也能锦上添花。因为蔬菜类本身和野味非常搭，它们能为高汤带来更加丰富饱满的味道。因此，即便是肉腥味很重的野味食材，只要烹制过程中处理得当，依然能做出日式风格的纯粹高汤。

材料

昆布高汤（参照第62页）…2 L

清酒…500 mL

野猪猪骨…500 g

碎野猪肉…200 g

碎鹿肉…100 g

生姜（薄片）…50 g

大蒜…1瓣

蔬菜边角料（萝卜皮等）…适量

干香菇…5朵

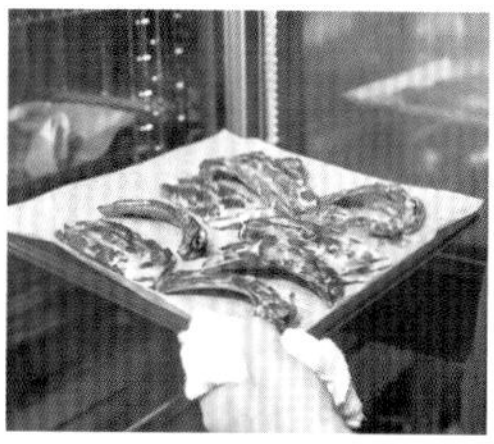

1 野猪猪骨在铺有烘焙纸的烤盘上摆好，进蒸烤箱（设定260 ℃、湿度50%）烘烤10分钟。

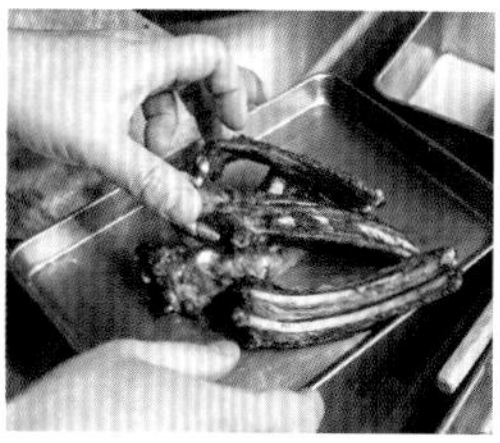

2 取出猪骨。

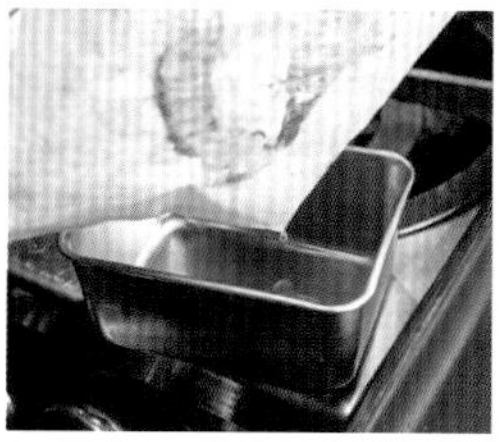

3 烘焙纸上的肉汁倒入一个容器存放。

4 碎野猪肉和碎鹿肉在铺有烘焙纸的烤盘上平铺摆好，进蒸烤箱（设定260 ℃、湿度50%）烘烤10分钟。

5 烤制完成。

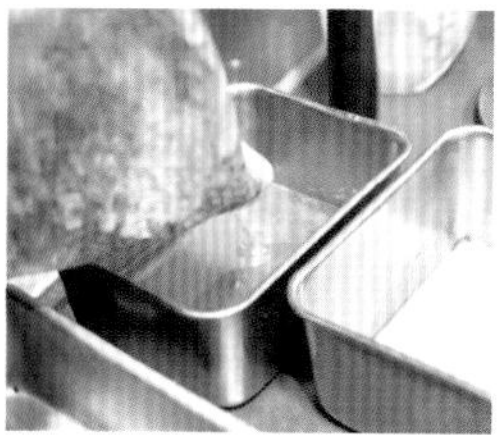

6 烤出的肉汁也倒入3的容器中。

*烤出的肉汁在急速冷冻作用下迅速凝固形成脂肪层，去除后可获得部分高汤。

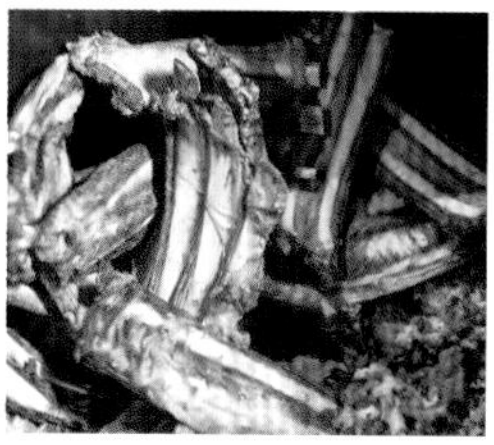

7 2、5一起倒入锅中。

8 加入昆布高汤。

9 加入清酒、生姜、大蒜、蔬菜边角料、干香菇，开大火炖煮。

10 煮开后转小火，控制火候，让汤持续冒泡。

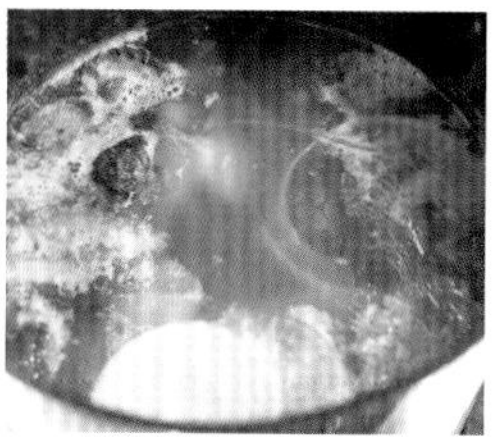

11 去除浮沫，继续煨煮40~50分钟。

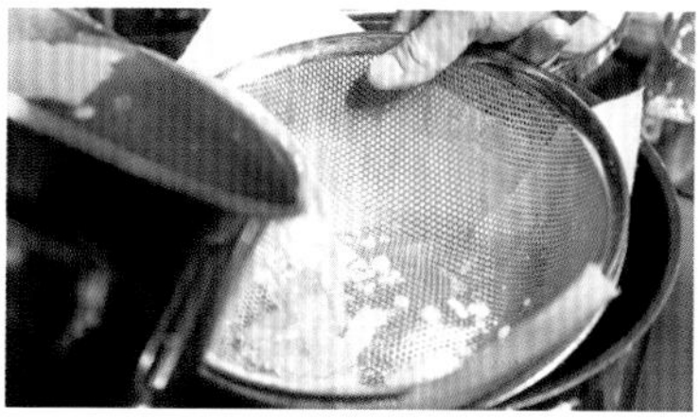

12 用滤网隔着烘焙纸过滤高汤。滤出的高汤隔水冷却后倒回滤网里二次过滤，彻底除净固体油脂。

野猪肉关东煮

分别蒸煮好白萝卜、胡萝卜，注入盖过萝卜的炖菜高汤一起煮开，再配上野猪肉丸子的炖菜拼盘料理。取名『关东煮』虽然少了几分料理的『高级感』，却平添了一些『亲和力』。

材料

白萝卜（去皮）…40 g（1人份）×8小块

A

野味高汤（参照第74页）…500 mL
盐（海盐）…6 g
味淋…7.5 mL

金时胡萝卜…15 g（1人份）×8小块

B

野味高汤（参照第74页）…100 mL
金时胡萝卜高汤…100 mL
淡口酱油…20 mL
味淋…10 mL

野猪肉肉丸（方便操作的量）

野猪肉肉糜…500 g
野猪肉（切7 mm左右的肉丁）…400 g
野猪肉的肥肉部分（切7 mm左右的肉丁）…300 g
盐（海盐）…15.5 g

C

生姜（切姜末）…50 g
大葱（切葱末）…50 g
盐渍黑胡椒颗粒（磨碎）…15 g
樱味噌…20 g

炖菜高汤

蒸煮白萝卜的汤底（参照本页步骤1）和野味高汤（参照第74页）混合搅拌，加入盐、淡口酱油调味，将盐的浓度调整到1.05%~1.08%。

芹菜（切成1 cm左右的小段）…1人份10 g

七味粉…1人份 0.5 g

*金时胡萝卜高汤：

①金时胡萝卜的外皮和萝卜头等边角料放入搅拌机打碎。

②昆布高汤（参照第62页）和搅碎的胡萝卜边角料按10：1的比例放入锅中炖煮10分钟，之后过滤得到高汤。

1 蒸煮白萝卜：白萝卜去皮切成约40 g大小的块，放入耐热锅里，加入A的野味高汤，连锅一起进蒸烤箱（设定98 ℃、100%湿度）加热1小时，白萝卜变软后加入A的盐、味淋调味，继续加热5分钟后常温静置30分钟。放凉后静置一晚。

2 蒸煮金时胡萝卜：胡萝卜去皮切成约15 g大小的块，放入耐热锅里，加入B的野味高汤，连锅一起进蒸烤箱（设定98 ℃、100%湿度）加热15分钟，胡萝卜变软后加入B的淡口酱油、味淋调味，常温静置15分钟。放凉后静置一晚。

3 做野猪肉肉丸：冷藏后的野猪肉肉糜和切成肉丁的野猪肉及肥肉部分一起撒盐，在产生黏性之前迅速揉捏，加入C继续捏合拌匀，一一揉捏出约15 g大小一颗的肉丸子。

4 另起一汤锅，轻轻放入1、2，加入炖菜高汤80 mL开火炖煮。

5 3放入蒸烤箱（设定85 ℃、100%湿度）加热8分钟。

6 4煮开后关火，放入两颗5的肉丸和芹菜段，撒上七味粉。

◎生火腿鸡汤

不靠昆布也能萃取出美味的高汤吗？

生火腿鸡汤便是我绞尽脑汁研发出来的一道新品高汤。要让高汤散发火腿的鲜香，务必充分彻底地去除多余的油脂。

材料

生火腿（薄片，去除油脂部分）…15 g

鸡胸肉肉糜（除去鸡皮、筋、油脂部分的净肉）…100 g

水 …950 mL

清酒 …50 mL

生姜（带皮切厚片）… 1片

＊生火腿可选用容易买到的便宜的帕尔马生火腿。

＊可用3 g番茄干代替生姜，出汤的口感更均衡。不过需要前一晚就把番茄干泡水，其余部分做法相同。

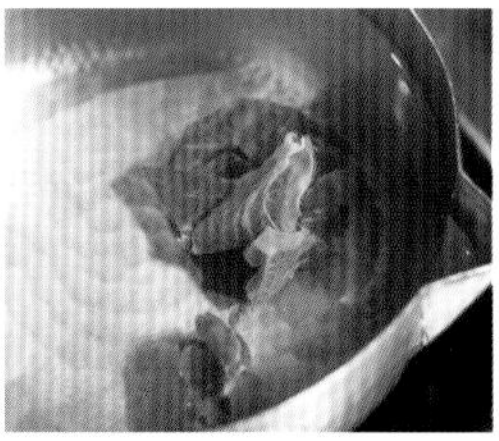

1 锅中依次放入水、清酒、生火腿、姜片。

2 鸡胸肉肉糜轻轻放入锅里，开火炖煮。

3 注意轻柔持续搅拌以防生锅烧焦。

4 注意火候，控制在持续冒泡的程度，加热2~3分钟。

5 用滤网隔着烘焙纸过滤高汤。

6 用汤勺挤压出底料汤渣残留的精华汤汁。高汤带锅隔冰水冷却，待油脂层凝固后，再进行二次过滤。

高汤制作的学问

生火腿属长期发酵熟成制品。蛋白质在酶的分解作用下，生成了大量的谷氨酸。因其自身含盐量不低，过量使用会让高汤太咸。搭配鸡肉一同萃取，二者刚好互补，在相辅相成的作用下，炖煮出来的汤头鲜味突出而富有层次感，给人出其不意之感。

炖芜菁

看似简单质朴的料理，却饱含了高汤的鲜美。

材料

芜菁… 2个
生火腿鸡汤（参照第78页）…200 mL
淡口酱油… 20 mL
盐（海盐）…1 g
Majiyaqris 芝士（吉田牧场出产）…少量
柚子皮丝…少量

1 芜菁切成六面体，放入耐热锅，倒入生火腿鸡汤，汤面铺上烘焙纸。盖上锅盖，放入蒸烤箱（设定98 ℃、100%湿度）加热20分钟，至芜菁变软。

2 1加入淡口酱油、盐调味，冷藏半天至一天，充分腌入味。

3 2开火加热，连汤一起装盘，芜菁上点缀柚子皮丝，最后撒上刨好的芝士丝。

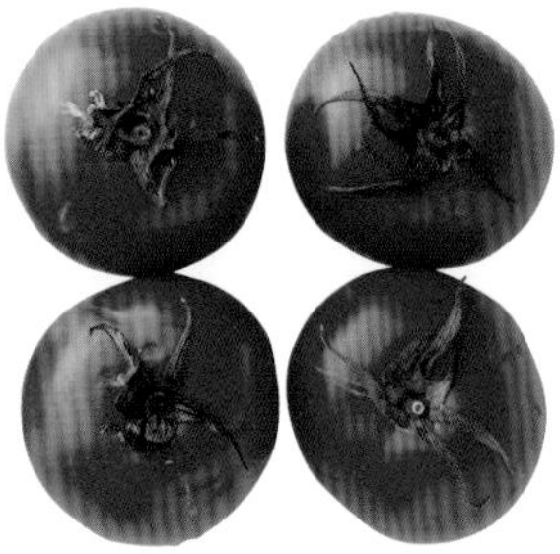

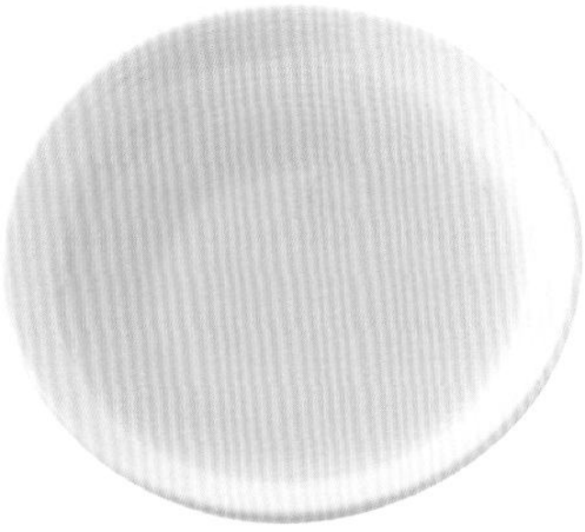

◎番茄高汤

完全不靠昆布，仅凭番茄就制作出的鲜味十足、富含谷氨酸的高汤。

材料
番茄…适量
盐（海盐）…番茄重量的0.5%

高汤制作的学问

番茄其实是富含谷氨酸的果实类蔬菜，所以仅凭番茄就能制作出无比鲜美浓郁的高汤，还散发着番茄自有的酸甜清香。把番茄广泛运用到各类料理中，也会给菜品赋予鲜味，带来口味的平衡。

番茄洗净去蒂，加入约为番茄重量0.5%的盐，以料理机打成番茄泥，用滤网隔着烘焙纸过滤（待汁水自然滤出）。

*留在滤网上的番茄泥可以和甜醋冻一起做成番茄冻。

炭烤鲅鱼 配特调番茄酱

鲜嫩的鱼肉配以富含谷氨酸的特调番茄酱，是一道入口生香的美味菜品。

材料
鲅鱼（又名马鲛鱼）…1人份50 g
盐…鲅鱼重量的1.2%
番茄酱汁（方便操作的量）
- 番茄高汤…100 mL
- 水…100 mL
- 鱼露…15 mL
- 葛粉水…20 mL

番茄（热水烫后去皮切丁）… 1人份15 g
紫苏叶（7 mm方形）…适量
柠檬皮（5 mm方形）…适量

1 鲅鱼洗净切成50 g大小的块，均匀抹盐后穿竹签，常温静置1小时。用大火将表皮烤成焦黄色，稍等一会儿再以大火快速炙烤鱼肉，反复翻转几次至半熟后，对切。

2 制作酱汁：番茄高汤加水后加鱼露调味，放入葛粉水勾芡。

3 1盛盘后淋上2，撒上切好的番茄丁、紫苏叶和柠檬皮。

『木山』

木山义朗

木山义朗

1981年生于日本岐阜县，19岁加入京都的『和久传』集团。6年后，25岁的木山就成为京都车站站内餐厅『Hashitate』的主厨。29岁时任『京都和久传』主厨。在料理界学习进修16年后出师创业，2017年开设了自己的餐厅『木山』。

木山餐厅的一大特色当属在食客面前现刨鱼干片，现煮高汤。这样的做法很好地传承了日本的饮食文化和料理制作的传统技艺。就连昆布和鱼干的供应商也沿袭了木山在『和久传』时期的，从未改变。

当着食客的面，现刨出鱼干片然后放进昆布高汤，这是本店特有的高汤制作风格。选用的水，则是取自店内水井中的天然井水。某种意义上说，正是有这口水井，才成就了本店的特色高汤。

昆布取自礼文岛香深产的利尻昆布。鱼干选用的是鲣鱼干（荒节、本枯节）搭配金枪鱼干一起使用。至于以上食材的配比，则要根据当时鱼干、水和昆布的品质状态，以及椀物料理所用食材来综合判定。

店里常备的是3种鱼干的雄节（背节，靠近鱼背部位）和雌节（腹节，靠近鱼腹部位）。常有人问起二者的味道有何不同，真要说起来恐怕还得推究到鲣鱼肉本身的个体差异。因为毕竟鱼干的制作过程都会经历一番风吹日晒，所以制作出来的鱼干风味多少存在一定的个体差异。

正是因为每块鱼干的风味不尽相同，如不将它们混搭着出汤，那萃取出的高汤就只有某种单一的鱼干风味了。例如，只选取酸味较强的鱼干炖煮出的汤头就会明显偏酸，只用咸味较强的鱼干炖煮出的汤头就会明显偏咸。适当混搭，不仅能直接平衡口感，也能制作出更贴近我心目中理想的高汤。当然，万一有幸遇到了一块极品鱼干，只让它做高汤的主角也未尝不可。

本店的鲣鱼干（荒节、本枯节）、金枪鱼干常备的库存是各自30块左右，因为有这样的备货量，所以不论进货时来的是怎样的鱼干，需要搭配的料理食材又如何不同，我们都能灵活巧妙地增减用量，找出最适合的应对方式。

◎昆布高汤

使用的是礼文岛香深产的利尻昆布（奥井海生堂出品），这是封存了三年熟成的昆布。因为长时间在专有的仓库中被妥善保存，昆布本身的腥臭味已经挥发得荡然无存了。

材料

昆布（利尻昆布）… 65~70 g
+25~30 g

水（井水）…5 L

1 锅中放入水和65~70 g昆布，开火炖煮。

2 以85 ℃水温炖煮1小时15分，试试味道，觉得味道已经煮出来了，就可以把昆布捞出。

3 继续煮开后去除浮沫。

4 关火，重新放入25~30 g昆布，静置15~30分钟后再尝尝味道，捞出昆布。

高汤制作的学问

相比真昆布和罗臼昆布，利尻昆布的谷氨酸含量较低，但其香气独特细腻，常被用于制作京都特色料理。长期封存熟成尽管无法增鲜，却能让昆布自带的腥臭味挥发掉。制汤过程发生了美拉德反应，昆布的鲜美和甘甜变得更明显了。

刨鱼干片（木鱼花）

开门营业前，将鱼干摆好备用

开门营业之前将鱼干待刨面朝上摆好，顾客到店后，当面刨出木鱼花。根据食客人数、食材用量现刨现制高汤，那种感觉就好像是『用手中的鱼干刨刀来调味』一样：选配合适的鱼干种类，现场调整需要刨出多少木鱼花，就能在无须添加任何调味料的情况下，调整高汤的味道。

每一块鱼干的硬度（含水量）和脂肪分布各异，现场刨鱼干时，遇到很硬的部分，就要多花点力气，遇到软的部分就别太使劲。一般说来，会把鱼干在斜放的状态下进行刨削，这样做的好处是刨刀的接触面积小，刨起来也相对轻松，不容易因失手导致食材浪费。我个人认为相同重量的鱼干，刨出的木鱼花面积越大，炖煮出的高汤就越美味，所以我是尽量按照这个方法和标准刨削。

就鱼干本身而言，靠近鱼头和靠近鱼尾的部分味道也会有差异。如果尽可能地把鱼干刨长一些，获得的味道会均衡一些。当然这样操作起来不仅费力也容易失手。再者刨刀本身也很关键，如果刨刀用起来不顺手，刀片太厚或者刀刃不够锋利等，都会影响刨出来的木鱼花的状态。鱼干到后面会越刨越薄越小，这时候不妨沿着侧面刨。刨到最后的那一点，就要用外面专门的机器来处理，可用在员工餐上。

木鱼花不一定是刨得越厚越好，或是刨得越薄越好。即使是同一块鱼干，也会因为刨出的木鱼花的厚薄，带来萃取出的高汤味道的变化。有一个很简单的原则：味道浓厚的鱼干就尽量刨薄一些，清雅香型的鱼干就稍微刨厚一些，如此调节味道的层次。归根结底，所选的鱼干和鱼干的刨削方式是决定高汤品质的两大关键。

◎一番出汁（清汤）

制作一番出汁，一般会混合使用鲣鱼干（荒节、本枯节）和金枪鱼干。它们在一番出汁的制作环节，各自承担着不同的角色，发挥着不同的作用。每种鱼干都散发着不同的味道和香气。举个例子，在开盖的一瞬间散发出的香气来自鲣鱼干荒节，入口后的鲜美滋味绵长悠远则是源自鲣鱼干本枯节，而将整个汤头的馥郁鲜香和层次感汇聚的则要归功于金枪鱼干了。光是靠这样三种鱼干就能撑起如此一台大戏，几乎不需要其他任何调味料的出场。

我会将熬好的一番出汁盛在小酒盅里端给客人品尝，让食客感受迷人的香气。

不论是昆布高汤，还是一些清淡的打底汤汁，本店应用起来会随着食材、季节等因素做适当调整。本次的高汤用于制作鲷鱼芜菁椀物，为了不让汤头的味道突兀，会相应减少鲣鱼干的用量。要是换成做春笋类的料理，就要多放一些鲣鱼干了。

＋

鲣鱼干（本枯节 腹部）　鲣鱼干（荒节 背部）　金枪鱼干（背部）

材料（1人份）

昆布高汤（参照第83页）…约150 mL

- 昆布（利尻昆布）…65~70 g+25~30 g
- 水（井水）…5 L

木鱼花［鲣鱼干（本枯节，腹部）+鲣鱼干（荒节，背部）+金枪鱼干（背部）三种混合］…8~10 g

＊昆布高汤150 mL、木鱼花8 g可以炖煮过滤出120~130 mL的高汤，这个量差不多是1人份椀物料理所需的高汤用量。

1 参照第83页做昆布高汤。

2 刨好三种鱼干的木鱼花。

3 算好2的比例用量，放进加热到80~90 ℃的昆布高汤里，完全放入后关火。（只加入刨好的完整的木鱼花，如有粘到锅边的木鱼花碎屑就轻轻揭下来，碎屑落进锅中高汤会浑浊。）

4 静置1~2分钟后尝一下味道，用铺好了烘焙纸的滤网过滤高汤。

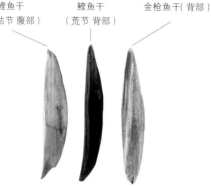

鲷鱼芜菁椀物

椀物料理会因所选食材不同而配以不同基底的高汤。这道菜品，因自带了芜菁的清甜和鲷鱼的鲜美，所以打底的高汤就不必使用过多的鲣鱼干调味，而是在昆布高汤的基础上主要配以金枪鱼干，略加鲣鱼干本枯节即可。至于鲣鱼干荒节，添加一丁点儿就能在开盖那一刻让香气四溢。

材料

鲷鱼…适量

圣护院芜菁…适量

油菜花…适量

柚子皮…适量

一番出汁（参照第85页）…适量

青味酱汁（一番出汁加入清酒、盐、淡口酱油调味）…适量

盐、清酒、淡口酱油、葛粉…各适量

1 鲷鱼用流动的清水洗净后三枚切，不要鱼骨片，鱼身片均匀抹盐调味后切小块备用。

2 油菜花洗净后切成适当大小，开水里焯一下，滤干后泡青味酱汁里。

3 柚子皮切小丁。

4 芜菁切成直径9 cm的圆柱状芜菁块，再刨成1 mm厚的薄片，在开水里焯一下后滤干，泡青味酱汁里。

5 1裹上葛粉过开水汆烫，之后过冰水冷却再沥干，移入平底锅，倒入清酒，以100 ℃蒸5分钟。

6 碗里放入5、2、3后再轻轻盖上4。

7 一番出汁加热，放清酒、盐、淡口酱油调味，倒入6中，倒入的量要没过食材。

◎香鱼高汤

日式料理基本上使用的是清澈见底的高汤。这里介绍的香鱼高汤却稍有不同，呈现的是白色浓稠的汤头。这道高汤的制汤重点，在于使用炙烤过（这一步操作既除腥又增香）的香鱼中骨。此外，炖煮过程中要勤快些，发现浮沫就立即捞除。

高汤制作的学问

和鲷鱼、多宝鱼（扁口鱼）相比，香鱼的谷氨酸含量更高，炭火炙烤后发生了美拉德反应，使汤的香味更浓，让人食欲大增。

材料

香鱼中骨…20条香鱼的

水（井水）…600 mL

清酒…200 mL

昆布（利尻昆布）… 10 g

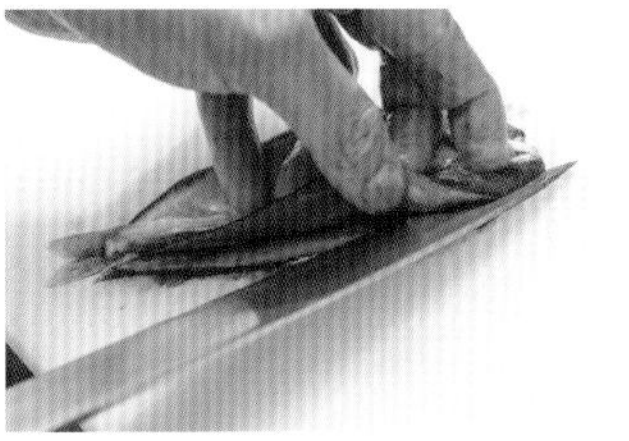

1　香鱼开背，取出中骨（鱼身抹盐风干一夜，供后续制作料理）。

2　炭火炙烤鱼中骨。

3　注意火候，不时翻面以防烤煳，至双面烤香。

4　3放入锅中加入水、清酒、昆布，开火炖煮。

5　炖煮时不时轻轻撇去浮沫。一出现浮沫即捞除，以防高汤变浑浊。

6　控制火候让汤保持持续冒泡儿的状态，继续炖煮20分钟。

7　关火后将锅从灶上移开，静置冷却。

8　用滤网隔着烘焙纸过滤高汤。

9　再次开火稍微加热一下过滤出的高汤。

干煎香鱼配锅巴

这是一道用炖煮好的白色香鱼高汤来勾芡中式香脆锅巴的料理。不用再放芝麻油了，味道已足够鲜香。

材料

取出中骨、风干了一夜的香鱼…适量

锅巴…适量

鹰峰辣椒…适量

香鱼高汤（参照第88页）…适量

淡口酱油、盐…各适量

葛粉…适量

青味酱汁［一番出汁（参照第85页），加入清酒、盐、淡口酱油调味］…适量

油炸用油…适量

1 炭火炙烤香鱼正反面。

2 辣椒洗净去籽，在180℃热油中过油炸后，浸泡在青味酱汁里。

3 在200℃的热油中炸锅巴（注意控制温度，以防炸煳）。

4 将1切成适口大小，2横切成辣椒圈，和3一起装盘。加热一下香鱼高汤，放淡口酱油、盐调味，加葛粉勾芡。

◎萤鱿高汤

萤鱿自带浓烈突出的鲜味。如何才能萃取出这种看似平凡普通的食材最纯正的那一道『鲜』，这款高汤便是答案。

材料
萤鱿…300 g
水（井水）… 1 L
昆布（利尻昆布）…5 g

1 清洗干净的萤鱿过开水汆烫后，切去眼睛、嘴巴、软骨组织等，在身上稍微划几刀。

2 1放入锅里后，加水和昆布炖煮。

3 煮开后去除浮沫。

4 转小火，持续煨煮20~30分钟，尝尝味道。

5 味道煮出来后，用滤网隔着烘焙纸过滤高汤。

炖鲍鱼配萤鱿高汤饭

以浓烈鲜香的萤鱿高汤为基底，即便没见到萤鱿的身影，也能让食客充分感受到它的存在。

材料

偏硬的熟米饭 …适量

萤鱿高汤（参照第90页）…适量

炖软的鲍鱼肉 （参照第211页“冬瓜夏季鲜贝”步骤1）…适量

小松菜 …适量

淡口酱油 …适量

昆布高汤（参照第83页）…适量（按需调整）

青味酱汁［一番出汁（参照第85页）加入清酒、盐、淡口酱油调味］…适量

1 开水焯一下小松菜，泡青味酱汁里备用。

2 鲍鱼肉切成适口大小。

3 米饭放入锅里，加入萤鱿高汤盖过米饭，用饭勺将米粒戳成一颗颗分散状。

4 3的锅放到火上加热，继续用饭勺搅拌均匀，转中火炖煮（米粒煮松软膨胀后变得黏稠，口感味道会更好）。

5 4的汤煮干之前尝味，以淡口酱油调味（味道太重了，就加些昆布高汤中和）。

6 5盛盘，放上热好的1、2。

◎贝类高汤

贝类本身自带很强的鲜味，这里用本该丢弃的贝类的肝脏、肠子等内脏部位来萃取高汤。

材料

贝类（花蛤、象牙蚌、蛏子、蛎子、海螺）…各2个

清酒、水（井水）…各适量

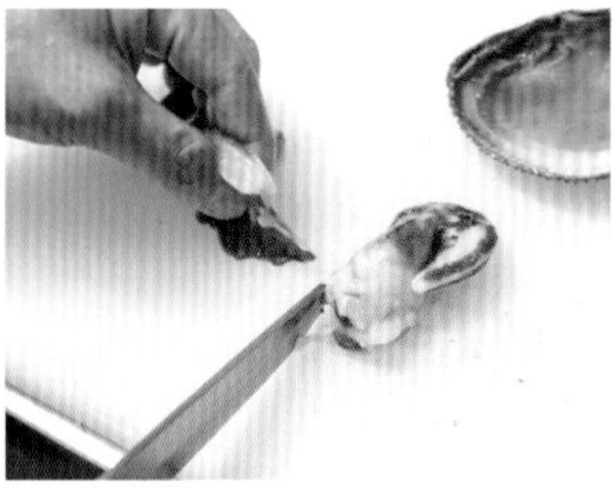

1 取出贝壳肉和内脏部位，清洗干净。将贝壳肉和内脏部位各自分开（贝壳肉用来另外做料理）。

2 将1的内脏部位放入锅中。

3 清酒和水按1：1的比例倒入2，盖过食材，开火炖煮。

4 去除浮沫，注意火候，保持汤汁冒泡儿的程度，继续炖煮20~30分钟。

5 味道煮出来后关火，静置冷却，用滤网隔着烘焙纸过滤高汤。

冬瓜夏季鲜贝

冬瓜这类食材很适宜搭配味道较为浓烈的高汤，像鸡汤或是鳗鱼高汤就比较契合冬瓜。鲜贝高汤和冬瓜就更是绝配了。↓做法详见第211页

◎甲鱼高汤

材料

甲鱼… 1只（800 g左右）

水（井水）、清酒、浓口酱油…各适量

＊本次用到的甲鱼是产自长崎县养殖场、体重800 g的母甲鱼。

甲鱼这类食材，用于料理和单纯拿来萃取高汤，两种做法上还是稍有差别的。如果用于料理，想让食客品尝甲鱼肉的鲜美，那么水和清酒就要少放，重心放在甲鱼肉本身的调味上即可。这里的甲鱼是用来萃取高汤的，所以重心放在将甲鱼肉的全部精华萃取出来。在前期处理甲鱼的时候，则要注意把甲鱼身上发黑带血的肉和皮膜这些容易造成汤汁浑浊的部位剔除干净。在炖煮过程中随时撇去浮沫也是重要的一环。

处理甲鱼

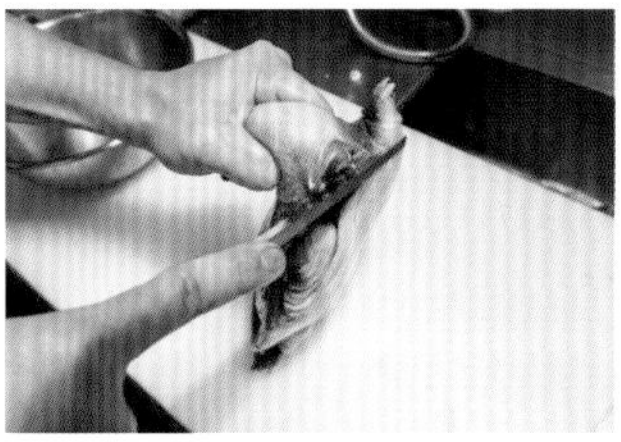

1 甲鱼去头。

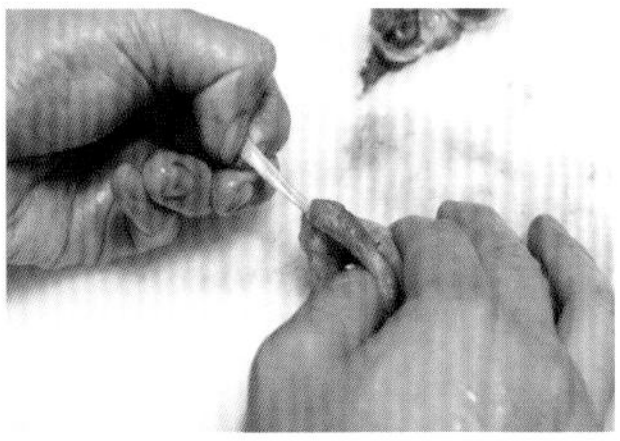

2 去食管。

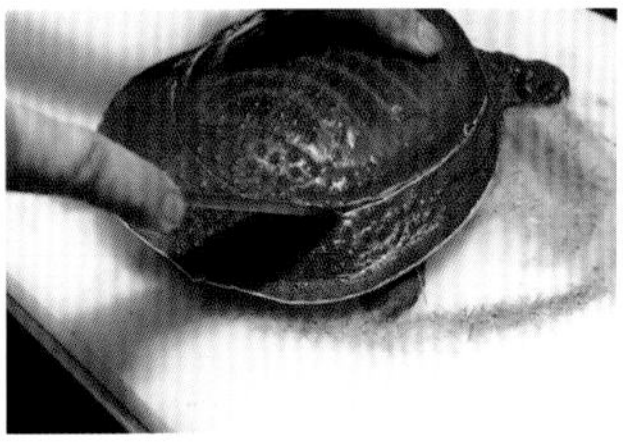

3 裙边不动，在甲鱼背部硬壳边缘划圆刀。

4 如图所示，刀从边缘插进去撬开背部硬壳。

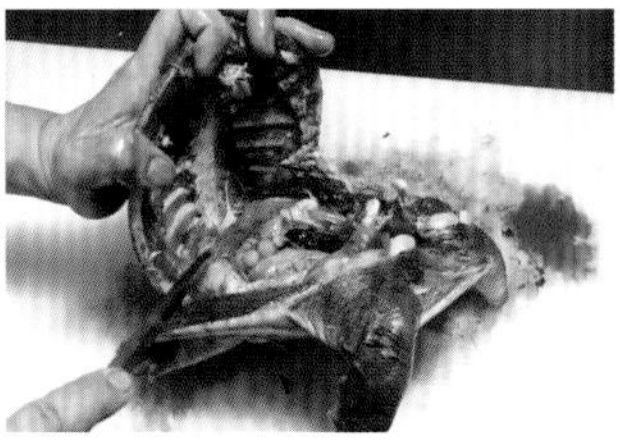

5 掰掉背部硬壳。

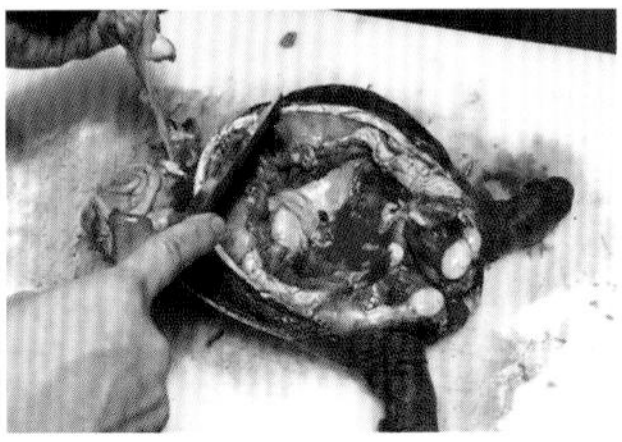

6 将多余的内脏和发黑带血部分清理干净（可适当留些脂肪为汤头提鲜）。

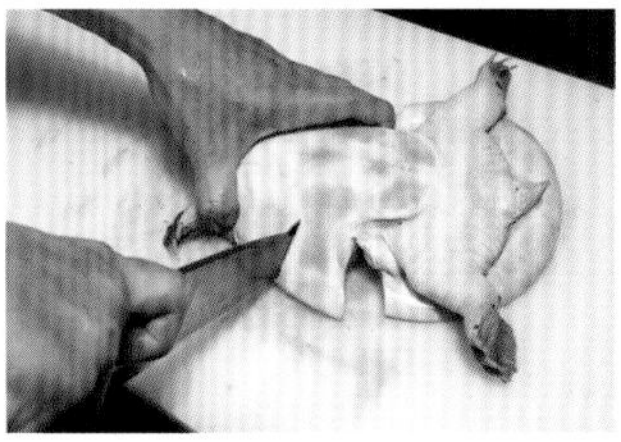

7 在腹部硬壳左右两侧各开2个口。

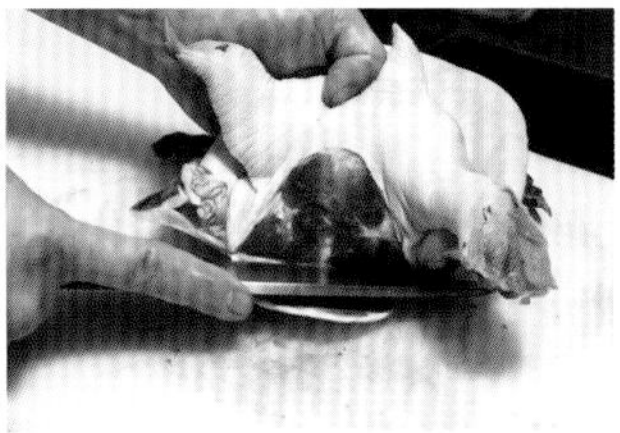

8 如图所示进刀，把中央圆形部位与腹部硬壳分开。

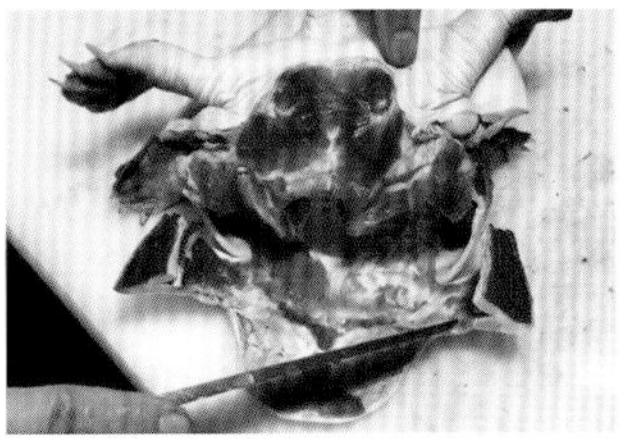

9 用刀固定好腹部硬壳，用手撕下甲鱼肉。

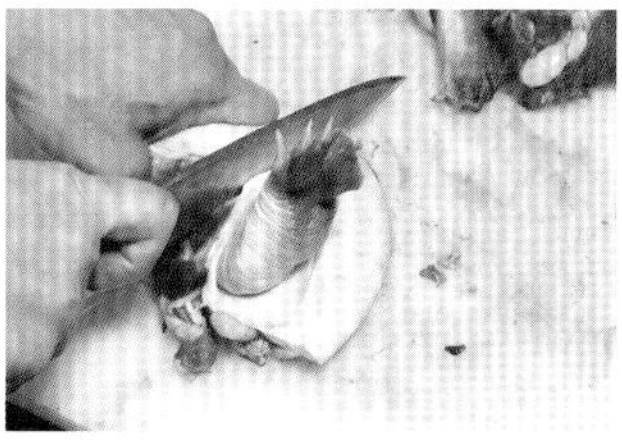

10 把甲鱼脚一一切下来。

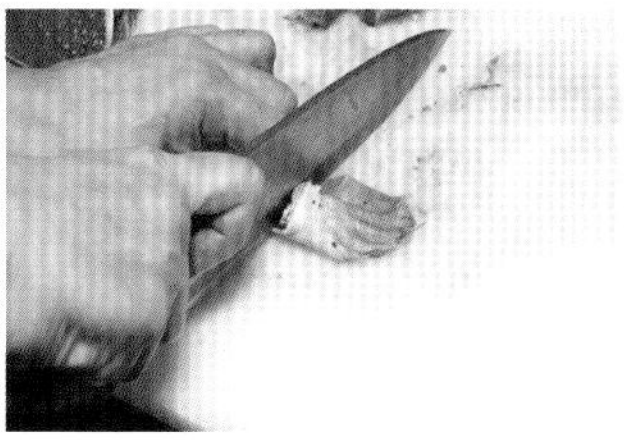

11 切除脚趾。

12 处理好的甲鱼示意图。

甲鱼高汤

1 处理好的甲鱼用清水洗净后放血。

2 用80 ℃的热水汆烫。

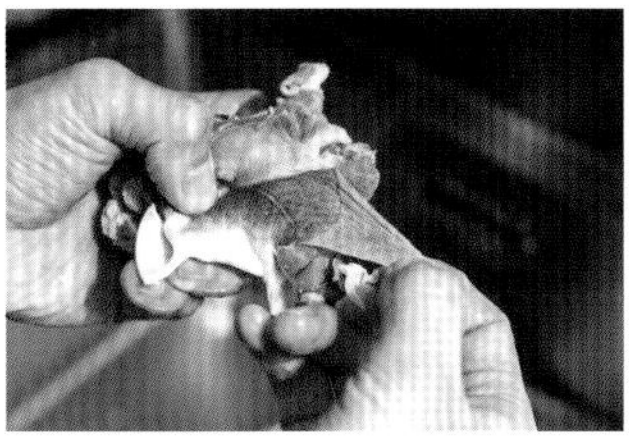

3 撕去甲鱼皮。

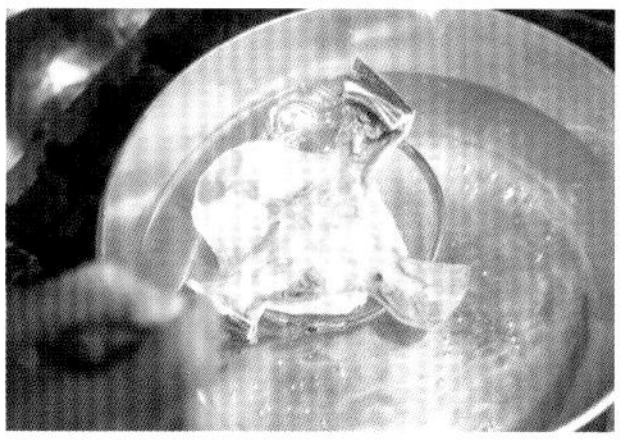

4 腹部硬壳也用开水汆烫。

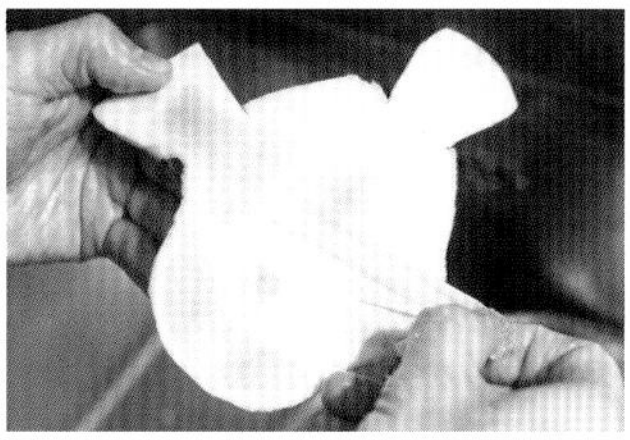

5 撕去腹部硬壳表层的薄膜。

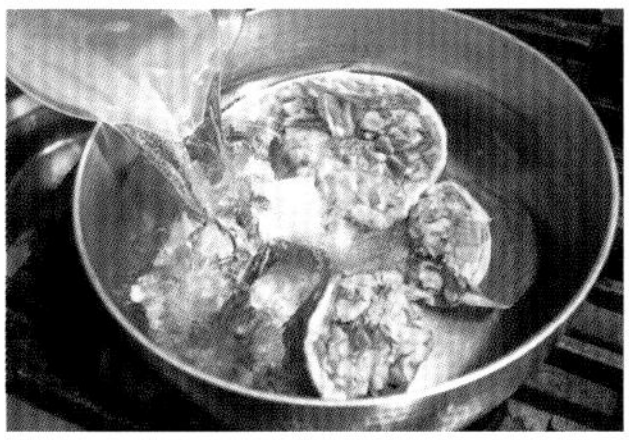

6 清理干净的甲鱼放入锅中加水、清酒。

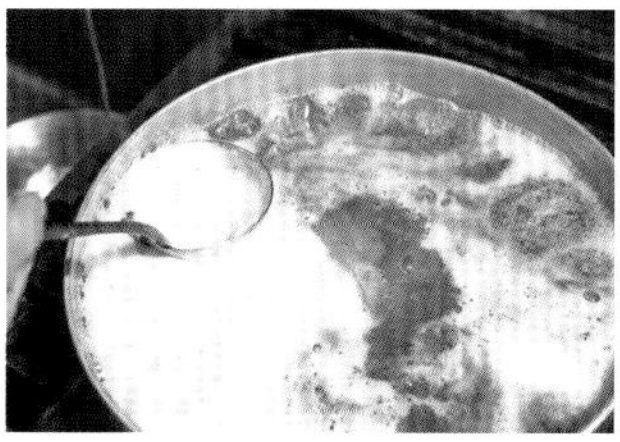

7 大火炖煮，煮开后继续加热10分钟，其间随时去除表面的浮沫，浮沫颜色会由红变白（红色是因为带血）。及时撇干净浮沫能让后面出汤清澈。

8 不再出现浮沫时转小火慢炖15~20分钟，之后放入少量的浓口酱油。

9 关火，放凉后放冰箱冷藏一晚，做成汤冻备用。

松叶蟹甲鱼高汤冻

本次选用的松叶蟹是产自间人港至滨坂水域的水煮松叶蟹，再配上未使用吉利丁就制成的清澈透底、滋味丰富的甲鱼高汤冻，整体极具特色。如何调整汤冻的凝合度是制作这道料理的乐趣所在。

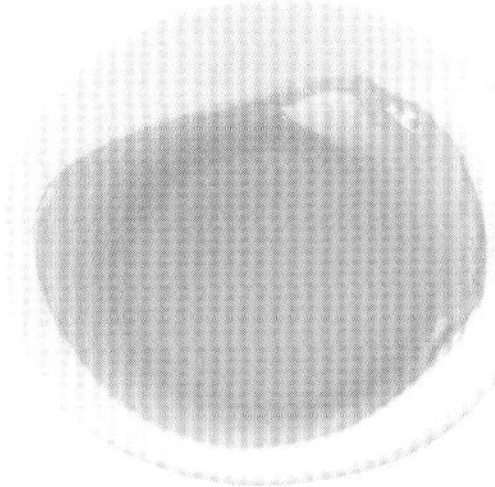

材料

松叶蟹（1~1.2 kg，原产地捕获后水煮）…适量

甲鱼裙边（参照第95页做法，煮完高汤后的汤渣底料）…1只甲鱼的

甲鱼高汤（参照第95页）…2 L

淡口酱油、浓口酱油…各适量

生姜丝…少许

1 从煮完甲鱼高汤的汤渣底料中挑出裙边（注意只要裙边，如果裙边上粘着甲鱼肉，就把甲鱼肉去掉，不然会让汤头浑浊）。

2 锅里倒入1 L水和挑出的裙边，中火炖煮到水量只剩原来的1/3后用滤网过滤（裙边捞出来备用）。

3 另一口锅里加入2 L的甲鱼高汤和2过滤出的汤汁。

4 开火加热3，加入浓口酱油、淡口酱油调味后盛入容器内，放进冰箱冷藏一晚做成高汤冻。

5 煮好的松叶蟹肉撕成肉碎后，加入生姜丝拌匀。

6 5和2捞出的裙边装盘，用汤勺舀一勺4盖在顶部。

◎芝士高汤

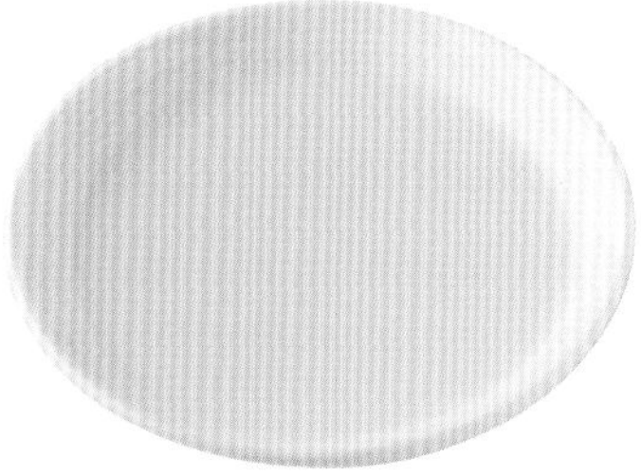

每年我都会参加与西班牙加泰罗尼亚的厨师们切磋厨艺的活动。这道高汤就是跟他们学的。如果想让芝士独特浓厚的奶香味变得更加温和均衡，加入鸡蛋也许是不错的点子。应用于日式料理中，选择帕玛森芝士会比较适合。

材料

帕玛森芝士（非真空包装）…100 g

水（井水）… 1 L

＊之所以选择非真空包装的芝士，是因为这样做出来的芝士浓汤更加醇厚。

1 帕玛森芝士切5 mm丁。

2 放入锅中加水。

3 以保鲜膜密封后，开小火煨煮慢炖1小时。或放进设定为90 ℃的蒸烤箱加热1小时。

4 3从热源移开，静置放凉后，用滤网隔着烘焙纸过滤高汤。

5 芝士的味道已经充分融入汤中。

高汤制作的学问

帕玛森芝士富含谷氨酸。在意大利料理中，会在肉汤里直接加入芝士的外皮（奶皮子）。这道芝士浓汤通过小火煨煮来萃取出芝士富含的谷氨酸，但需要引起注意的是，以芝士为原料的高汤制作中最大的问题就是芝士本身的含盐量，换言之，芝士的盐度很大程度上影响了高汤的味道，所以在制汤之前要仔细阅读选用的芝士的成分说明，如具体含盐量是多少等。除了帕玛森芝士，其他各种芝士也是富含谷氨酸的，可根据不同的料理选择不同类型、不同风味口感的芝士。

帕玛森芝士蒸海胆

以芝士高汤打底，为整个料理增鲜提味，就连勾芡也用到了同款芝士高汤。

材料

鸡蛋… 按照配比

芝士高汤（参照第98页）…按照配比

淡口酱油、盐…各适量

羊栖菜 …适量

葛粉 …适量

青味酱汁［一番出汁（参照第85页）加入清酒、盐、淡口酱油调味］…适量

生海胆 …适量

紫苏花穗 …少量

1 鸡蛋和芝士高汤按照1∶2.5配比搅拌均匀，加淡口酱油、盐调味，然后过筛。

2 1倒入模子后进蒸烤箱蒸，蒸好后静置放凉，再放进冰箱冷藏备用。

3 羊栖菜用开水焯一下，沥干后泡青味酱汁里。

4 芝士高汤倒入锅里，开火加盐、淡口酱油调味，放入葛粉勾芡，连锅一起放冰水冷却。

5 2从模子里倒出来装盘，放上海胆后淋上4，旁边轻轻摆好3，最后撒上紫苏花穗。

◎玉米高汤

仅以水、昆布、玉米芯三样充分炖煮，就能制作出像放了糖一般甜蜜的玉米高汤。

材料

玉米芯（北海道产的黄金玉米）…5根

水（井水）…适量

昆布…15 g

＊玉米剥皮，蒸熟，静置放凉后刨下玉米粒（用于做其他菜品），剩下的玉米芯对半切开。

1 玉米芯放锅里加水，水量盖过玉米芯后再多加一些，放入昆布。

2 开火炖煮，注意控制火候，煮的过程中适时撇去浮沫。让汤持续冒泡儿，煮30分钟左右（煮开后也可加盖保鲜膜）。

3 尝味，味道煮出来后关火（炖煮时间不那么严格，但一定要确认味道煮出来）。用滤网隔着烘焙纸过滤高汤。

玉米白玉丸子甜品

不加任何额外调料，仅凭玉米芯就能煮出的美味高汤，配以鲜甜的玉米粒搅碎后得到的玉米汁，就连玉米渣都被充分利用，是一道无比纯正的玉米制餐后甜品。

材料

玉米粒（黄金玉米）…适量

玉米高汤（参照本页做法）…适量

糯米粉（日式白玉粉）…适量

水（井水）…适量

1 玉米粒倒入搅拌机打碎，将玉米汁和玉米渣分开。

2 1的玉米渣平摊在铺好了烘焙纸的烤盘上，以电磁炉（或调好温度的烤箱）烤至酥脆焦香。

3 大碗里倒入1的玉米汁和放凉的玉米高汤搅拌均匀。

4 12 g糯米粉加8 mL的水揉搓出3颗各约7g的白玉小丸子。将丸子在玉米高汤里煮熟（丸子中会渗入玉米高汤的香味）之后，放入凉的玉米高汤里降温。

5 3倒入碗里，放上4的白玉小丸子，撒上喷香酥脆的2。

◎菌菇高汤

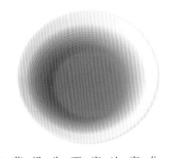

新鲜菌菇搭配昆布一起加水充分炖煮，能萃取出鲜味十足的浓滑高汤。本次的菌菇高汤，用到了多达七种菌菇。为了增加汤的浓稠度，特意放了珍珠菇和金滑菇，但要注意用量，加多了，汤的味道有失衡的风险。煮完高汤的菌菇已经没什么味道了，就不便再用来做菜，但还可与高汤一起，用来制作佐餐的酱汁。

材料

菌菇（白灵菇、珍珠菇、舞茸菌、平菇、口蘑、金针菇、金滑菇）…各1袋

水（井水）…适量

昆布…15 g

＊所用菌菇种类会随时节、产地而略加调整，比如添加了绣球菌的汤也十分美味。

1 菌菇洗净后去蒂，再切成适当大小。

2 放入锅里加水，水量盖过菌菇后再多加一些，放入昆布开火炖煮。

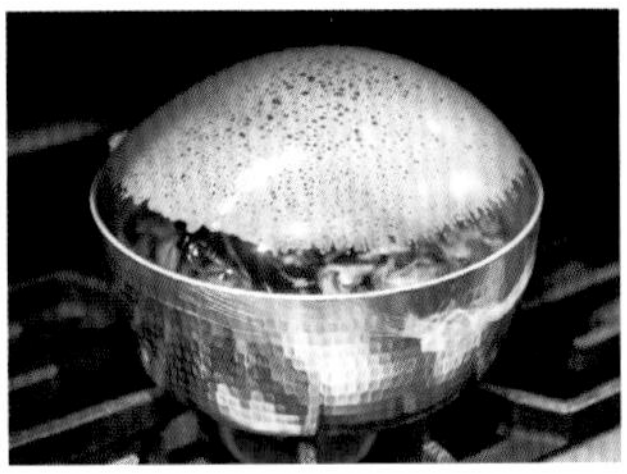

3 煮开后除去浮沫，以保鲜膜密封，注意控制火候，让汤汁持续冒小泡儿，煮2小时左右。

4 直到煮出香味（昆布出味后即可捞出）。

5 用滤网隔着烘焙纸过滤。

6 过滤出稍带些黏稠感、鲜味十足的高汤。

高汤制作的学问

菌菇的鲜味来源于谷氨酸而非鸟苷酸。自带天然独特香气也是菌菇的一大卖点。可依个人对香气的喜好选择不同种类的菌菇。

蟹肉毛豆绿豆腐 菌菇高汤

浓滑鲜美的菌菇高汤里，不仅有散发毛豆清香的芝麻豆腐，还有美味可口的蟹肉，这是一道口感、层次、风味俱佳的特色料理。

材料

毛豆豆腐

毛豆、盐、水、清酒、葛粉、芝麻酱、淡口酱油 … 各适量

北海道毛蟹 …适量

石耳 …适量

汤底［一番出汁（参照第85页）加热后，加入清酒、盐、淡口酱油调味］ … 适量

菌菇高汤 （参照第102页） …适量

盐、淡口酱油 …各适量

1 盐水煮好毛豆，去皮过筛后碾压成毛豆糊糊。

2 大碗里放入水、清酒、葛粉、芝麻酱，用搅拌器混合搅拌均匀。

3 用稍细的滤网过筛2后倒入锅里。

4 开大火炖煮3，其间不断搅拌，煮出黏稠感之后转小火，继续用木铲搅拌20分钟。

5 快要成形前加入1（毛豆糊糊长时间加热恐会变色，要注意火候），然后放盐、淡口酱油调味。

6 5倒入模子里后放进冰箱冷藏一晚成形。

7 北海道毛蟹以100℃蒸40分钟，取出蟹膏，挖出蟹肉备用。

8 石耳泡发后洗净去蒂，用开水焯一下，放入汤底中炖煮。

9 6切出来一块加热，和7的蟹肉、8一起盛碗，上方叠放蟹膏。菌菇高汤加热后放盐、淡口酱油调味，倒入碗里，稍微没过食材部分。

『日本料理 翠』

大屋友和

虽说一番出汁是高汤之本、高汤之源，但本店依然会在每个月的高级套餐中加入至少一种新式高汤。具体做法上，有时是用发酵过的食材来煮汤，有时则会在汤里放些日式香草等。尝试各种方法不断摸索，力求推陈出新创作更多风味细腻的高汤。

不同于西餐的多元，日式料理在菜品风味香气上总的来说比较纯粹和单一。所以我一直想试着在现有菜品基础上，加入一些本土风味的香草。历经发掘，我有幸找到一种长在滋贺县伊吹山的本土香草，把这种土生土长、代代相传的本地食材，适当地运用在日式料理中丝毫没有违和感，味道口感都融合得很好。

大屋友和

1979年生于日本岛根县。曾在美术职高的设计专业学习日本画。2000年在大阪的高级日式料理店『乇川』研习厨艺，锤炼厨艺11年后于2011年独立，在大阪东心斋桥开了自己的餐厅『日本料理 翠』。不仅精心研习日式料理，和业界其他流派大厨也积极交流、切磋厨艺，还将获取到的各种信息和知识方法等运用到自己的菜品烹制中，致力于为食客们呈现出更具冲击力的料理。

店里的一番出汁食材使用的是真昆布和本枯节，炖煮方式和加热时长等也会根据不同料理的特点做适当调整和优化。

◎昆布高汤

用真昆布萃取的昆布高汤鲜味很浓郁，但本店又想让鲜味不显得过于突兀，可是用真昆布煮出味道柔和细腻的高汤相对不那么容易，要怎样才能让出品的高汤既清亮纯粹又爽口呢？经过反复锤炼摸索尝试后，我们找到了自己的做法，以适当的温度、炖煮时长和萃取方式，做出了我们心目中理想的昆布高汤。

材料

昆布（真昆布）… 50 g

水（山泉水）… 2 L

＊本次我们选用的是箕面山的天然山泉水。

1　昆布和水放入锅中开火炖煮，以40 ℃左右加热1小时后，以80 ℃再加热30分钟。

2　取出昆布，煮开后去除浮沫。

＊如果是长时间的冷水萃取法，做出来的高汤会带有昆布的黏稠感和海腥味。为了避免这种情况，我们采用上述的加热萃取法制作。但我们会特别注意控制加热时长，时间过长则汤会变色，也会变得黏稠。

◎一番出汁

在以真昆布萃取的昆布高汤基础上，这款一番出汁仅靠本枯节风味就十分优雅。为了让食客充分品味真昆布的甘甜，没有添加金枪鱼干，连会带来强烈香气的荒节也放弃了。

做好的一番出汁并不是立即拿来做菜，而是急速冷却降温，待味道沉淀平稳后再用到各色料理中。

材料

昆布（真昆布）…40 g

水（山泉水）…2 L

鲣鱼干（枕崎产的本枯节）… 20 g

1 参照第105页的昆布高汤做法，煮高汤后去除浮沫关火。温度降到90 ℃后放入鲣鱼干。

2 静置10～15秒（时间再长汤就会出现杂味）后，用滤网隔着烘焙纸过滤高汤。倒入带盖的容器里隔冰水冷却。静置1~2小时待味道沉淀平稳后，再用于制作其他料理。

◎乌贼冻高汤

将冷冻的乌贼肉和昆布高汤直接放入料理机搅拌至顺滑，这份汤冻本身便是高汤。

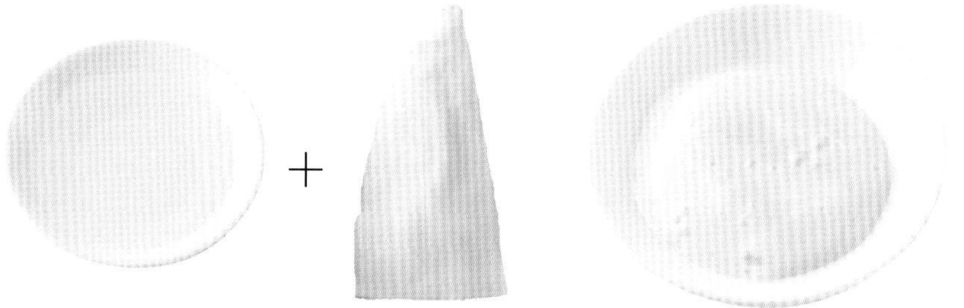

材料
拟目乌贼（冷冻）···500 g
昆布高汤（参照第105页）···300 mL
山药（磨成泥）···20 g
盐、淡口酱油 ···各适量

＊用新鲜乌贼制作的高汤没有细腻顺滑的浓稠感，要用冷冻好的乌贼肉。

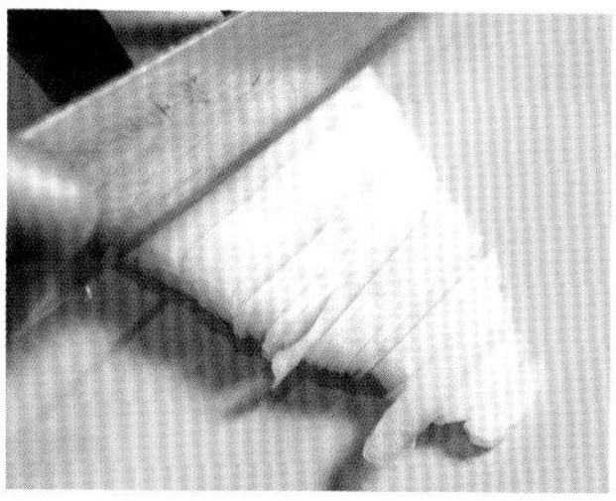

1 冻好的乌贼肉切薄片。

2 1放入料理机，加入一半昆布高汤。

3 搅拌后再倒入剩下的昆布高汤，再次搅拌至顺滑。

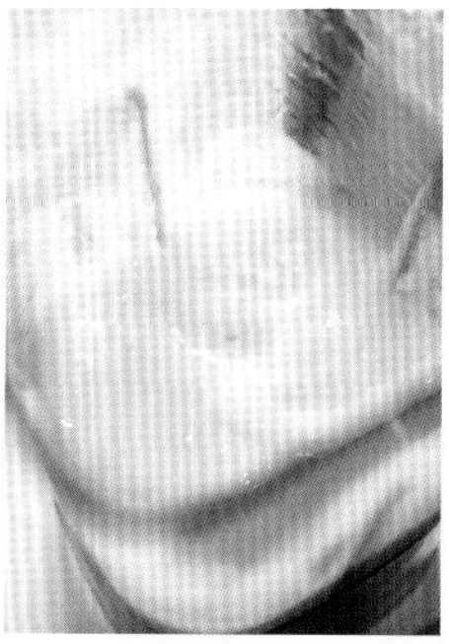

4 加入山药泥、盐和淡口酱油调味。

＊依制作不同菜品所需，可自行调节浓稠度。

高汤制作的学问

乌贼自身几乎不含肌苷酸，而是由各种氨基酸组合释放出鲜甜味。利用昆布提鲜，就能呈现足够鲜美的乌贼冻高汤了。

乌贼什锦汤冻

与海胆或其他汤冻一起搭配，整体呈现的口感层次更丰富，味道也更鲜美。

材料

乌贼冻高汤（参照第107页）…90 mL

生海胆…适量

紫苏花穗、青海苔、山葵（磨碎）…各适量

汤冻

- 一番出汁（参照第106页）…200 mL
- 吉利丁片…3 g
- 淡口酱油…适量
- ※加热一番出汁后加入淡口酱油调味，放入泡发后的吉利丁片，静置放凉后，放进冰箱冷藏即成汤冻。

1 乌贼冻高汤盛入碗里。

2 在1上叠放生海胆，淋上汤冻。

3 将青海苔、山葵、紫苏花穗点缀其间。

◎河豚鳍骨高汤

新鲜处理好的河豚的边角料充当主力，再以烤河豚鳍加持，炖煮出的汤头足够诱人。

高汤制作的学问

河豚富含肌苷酸，能够与昆布富含的谷氨酸产生叠加效应，让汤头鲜味倍增。

材料

河豚的边角料 …1只河豚的

昆布（真昆布）…20 g

河豚鳍（已做炙烤风干处理）…5片

清酒 …适量

水（山泉水）…1.5 L

1 开水汆烫河豚的边角料，再以流动的清水洗净备用。

2 锅里放入1和水，加上昆布、河豚鳍和清酒，开火炖煮。

3 煮开后转小火，继续加热30分钟至1小时，炖煮过程中务必去除浮沫。

4 味道煮出来后，用滤网隔着烘焙纸过滤高汤。

河豚汤碗

在河豚鳍骨高汤基底中，添加河豚肉、河豚鳔、河豚鳍、河豚皮等打造成的一道不折不扣的美味河豚料理。

材料（1人份）

河豚肉 …适量

河豚鳔 …适量

河豚皮、河豚鳍（煮完高汤的汤渣底料）…各适量

茼蒿（开水焯一下，用作配菜）…适量

河豚鳍骨高汤（参照本页）…200 mL

盐、淡口酱油 …各适量

葱叶（刨青葱丝）…适量

1 河豚鳔撒盐腌制10~15分钟后煮熟。

2 河豚肉撒盐腌制10~15分钟。

3 加热河豚鳍骨高汤，放入2和河豚皮后开火炖煮。

4 1盛入汤碗，加入3的河豚肉、河豚皮，再加入熬煮过高汤的河豚鳍和焯好的茼蒿。

5 倒入3的汤汁，汤汁盖过碗中食材，最后点缀青葱丝。

◎乳化风味鲷鱼高汤

鲷鱼的边角料加上提味的香辛料和昆布充分炖煮后，就能制作出这道奶白色的乳化风味高汤。

材料

鲷鱼的边角料 …1条鱼的

大葱 …50 g

生姜 …10 g

昆布（真昆布） …20 g

清酒 …适量

水（山泉水） …2 L

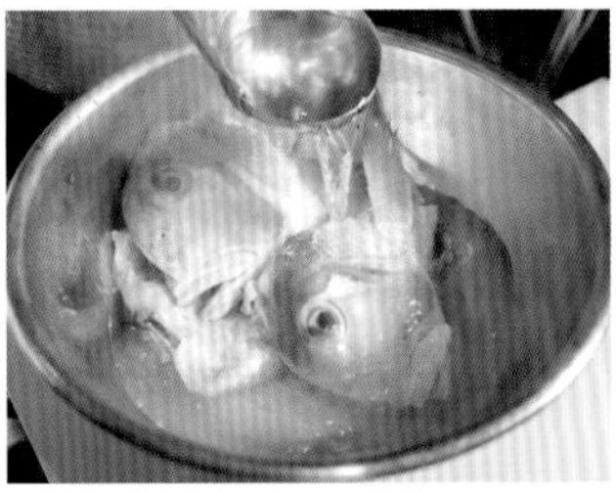

1 鲷鱼的边角料用开水汆烫。

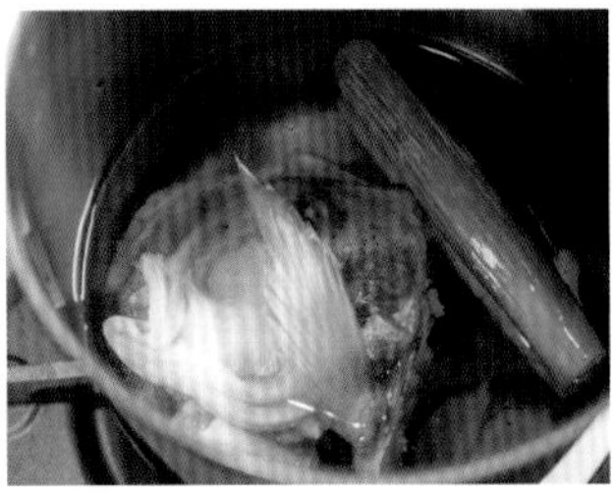

2 1放入锅里，加入大葱、生姜、清酒、昆布，加水，水量盖过食材。

3 盖上锅盖开火炖煮，煮开后转小火煨4~5小时，直到汤头变成乳白色。

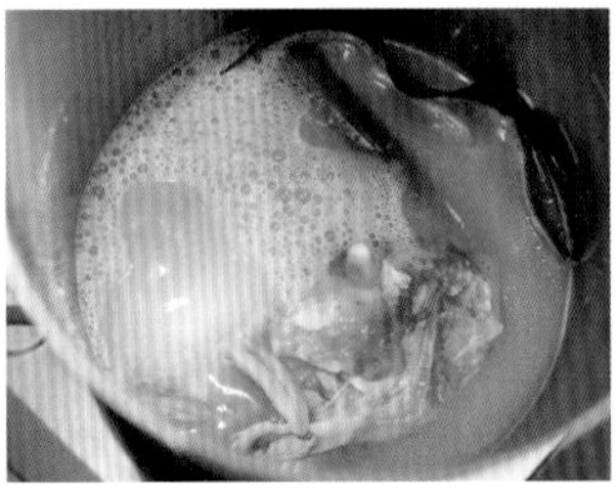

4 一开始还清亮的汤汁，会渐渐变成乳白色。

5 用滤网隔着烘焙纸过滤高汤。

高汤制作的学问

乳化即一种液体（比如油）以极微小液滴均匀地分散在互不相溶的另一种液体（比如水）中的现象，蛋白质作为乳化剂使乳状液更加稳定。本次高汤制作中的乳化反应，具体是由鲷鱼的边角料带出的油脂、蛋白质和昆布中所含的海藻酸相互作用而产生的。日式料理中乳化类的高汤不常见，这种特有的乳白色汤头也许能让食客眼前一亮，带来全新的赏味体验吧。

鲷鱼松笠烧配乳化风味高汤

酥脆喷香的鲷鱼松笠烧和浓郁丝滑的奶白色高汤实在太配了！

材料
鲷鱼肉 …适量
新鲜黑木耳 …适量
芽葱 …适量
乳化风味鲷鱼高汤（参照第112页）…150 mL
盐、淡口酱油 …各适量
色拉油 …适量

1 保留鲷鱼的鱼鳞（不刮），淋上滚烫烧开的色拉油，开火将鱼鳞表面烤得焦黄酥脆。
2 开水焯一下新鲜黑木耳。
3 1和2盛盘。
4 加热乳化风味鲷鱼高汤，以盐、淡口酱油调味后倒入3，汤汁盖过食材。最后点缀芽葱。

◎香鱼干高汤

用本店自制的香鱼干炖煮出的美味高汤。

材料

香鱼干（自制）…100 g

昆布（真昆布）…20 g

水（山泉水）…800 mL

清酒…适量

蓼草的茎…5 g

＊自制香鱼干：小香鱼泡在咸度如海水的冰盐水里2小时左右（用盐水泡是为了让鱼肉更紧致，不然鱼肉容易断裂），再以盐水煮熟。沥干后以食品干燥机烘干（也可以放干燥网上自然风干）。

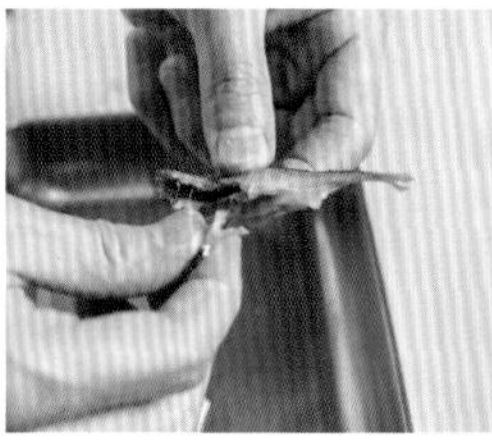

1 香鱼干去头挖空内脏。

2 香鱼干放入锅中，加入蓼草的茎、昆布、清酒、水，浸泡1小时后开火炖煮。

3 除去浮沫，继续加热30分钟。

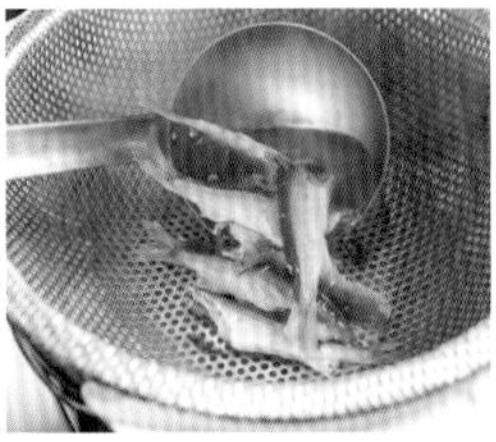

4 用滤网隔着烘焙纸过滤高汤。

串烤香鱼汤面

烤得喷香的香鱼配上爽口的面条，还有无比鲜美的汤头，一吃起来就叫人欲罢不能。

材料

香鱼…适量

葛面（日式葛素面）…适量

黄瓜（刨丝）…适量

蓼草的叶（油炸）…适量

香鱼干高汤（参照本页）…250 mL

盐、淡口酱油…各适量

1 香鱼用竹签穿起来炙烤。

2 煮好面条后，以凉水冲洗冷却。

3 沥干水的面条盛盘，加入1和黄瓜丝。

4 放入盐、淡口酱油调味，倒入放凉后的香鱼干高汤没过面条，摆上炸好的蓼草的叶。

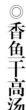

◎藻屑蟹番茄白味噌高汤

蟹和味噌都是鲜味比较重的食材，我觉得需要一个味道稍微柔和的食材中和一下，就想到了番茄。如果不用番茄，而是用鲜味同样很重的昆布，会让汤味整体失衡。番茄富含谷氨酸，能很好地替代昆布，番茄自带的酸甜清香还能很好地盖住淡水蟹的腥臭，实乃不二之选。

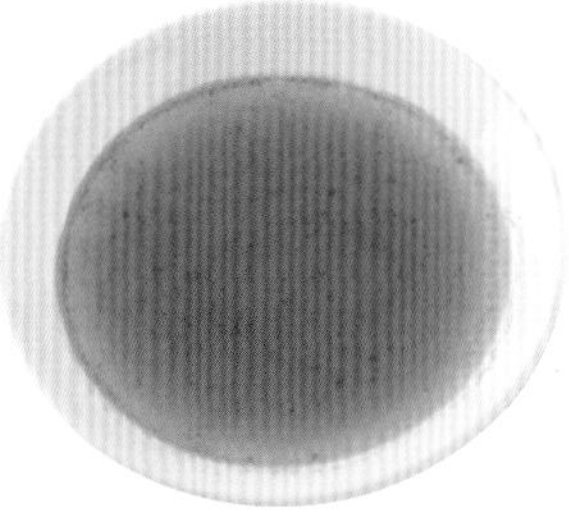

材料

藻屑蟹（又名绒螯蟹）…5只

番茄 …200 g

水（山泉水）…1.5 L

白味噌 …150 g

天竺桂叶 … 3片

太白芝麻油 …20 mL

＊白味噌加盐少，口感偏甜，味道较淡；赤味噌加盐多，口感咸重。

＊天竺桂：俗名山肉桂、竺香，樟科常绿乔木，叶片长椭圆形，散发肉桂香气。

1　蟹切大块加入芝麻油翻炒。

2　番茄切大块和1一起翻炒。

3　木锅铲充分碾压螃蟹，把蟹膏压出来后进一步翻炒，去除水分，不然会散发腥臭味。

4　加水继续炖煮。

5　除去浮沫（但要注意别把油脂撇掉了）。

6　加入天竺桂叶和白味噌，继续煮20分钟。

7　用漏勺过滤高汤。

高汤制作的学问

螃蟹里的鲜味源自氨基酸，比谷氨酸更多的是甜味氨基酸。因此这款汤喝起来还有甜味。番茄和白味噌都含谷氨酸，也能为这款高汤充分提鲜。

时令秋蔬 藻屑蟹高汤 肉桂飘香

这道料理，能让食客充分感受到的不光是高汤的鲜香，还有秋季时令鲜蔬的美味。

材料
芋头 …适量
茄子 …适量
香菇 …适量
白果 …适量
二番出汁、盐、淡口酱油 …各适量
藻屑蟹番茄白味噌高汤（参照第116页）
…100 mL
油炸用油 …适量

＊二番出汁：煮完了一番出汁（参照第106页）的昆布和鲣鱼干再次放回锅中，加水开火炖煮，煮开后转小火，火候控制在汤噗噗冒泡程度，煮1小时后过滤高汤。

1 芋头洗净去皮，用淘米水煮软糯。
2 1的芋头放入二番出汁里，加盐、淡口酱油调味，煨煮至入味。
3 茄子洗净烤熟去皮，在加了盐、淡口酱油的二番出汁里浸泡入味。
4 香菇烤好，白果去皮后油炸。
5 2切成适口大小的芋头块盛盘，依次放上3的茄子、4的香菇和白果，倒入热好的藻屑蟹番茄白味噌高汤，没过食材。

◎肉鸡乌梅高汤

往鸡汤中加入乌梅和大和当归叶，这款高汤的食材搭配非常有趣。

材料

鸡骨高汤

- 鸡架（大和肉鸡）…1只鸡的
- 洋葱（对切半圆）…50 g
- 昆布（真昆布）…20 g
- 大和当归叶…适量
- 水（山泉水）…1 L

乌梅高汤

- 乌梅…100 g
- 昆布…10 g
- 水（山泉水）…300 mL

＊大和肉鸡：奈良出产的走地鸡。

＊大和当归：伞形科多年生草本。根用作中药材。叶可食用，散发西芹香气，也常用作日式香料。

＊乌梅：将未成熟的梅子做成梅干，自古以来就作为天然药材使用。

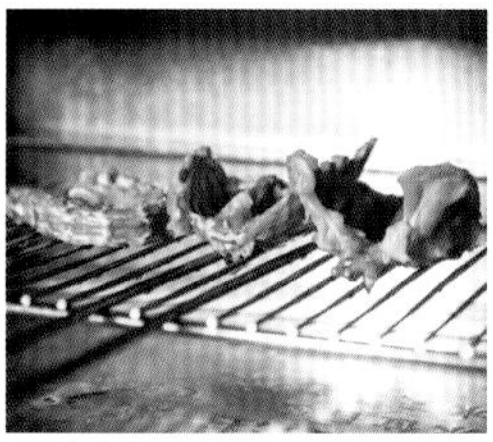

1 洗净鸡架，剁成块，进烧烤炉炙烤。

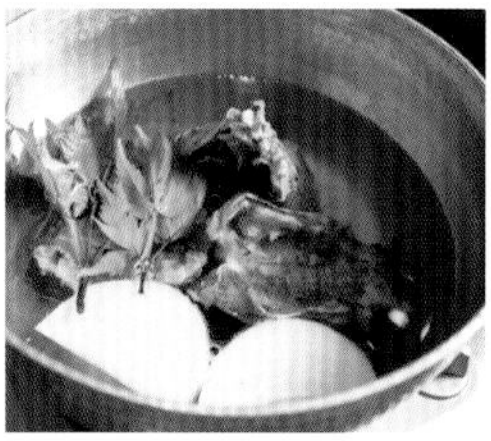

2 1和洋葱、昆布、大和当归叶一起放入锅中，加水没过食材，开火炖煮。

3 煮开后转小火，继续加热1.5~2小时，除去浮沫。

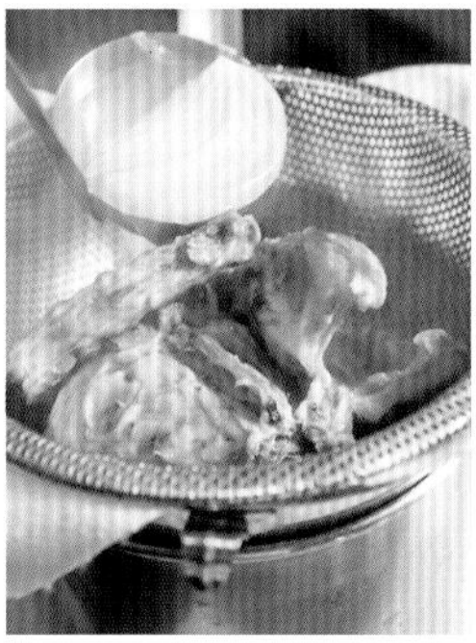

4 用滤网隔着烘焙纸过滤，制成鸡骨高汤。

5 乌梅、昆布放入盘里加300 mL水浸泡。

6 放入已上汽的蒸锅中蒸2小时。用滤网隔着烘焙纸过滤，制成乌梅高汤。

7 做好的4倒入锅中加热，适量添加做好的6。

肉鸡乌梅椀物 当归飘香

由于汤头充分萃取出了日本走地鸡特有的鲜香，这道料理独具特色，十分美味。

材料

鸡腿肉（大和肉鸡）…适量

圆茄子 …适量

大和当归叶和花… 适量

肉鸡乌梅高汤

- 鸡骨高汤 …150 mL（参照第118页步骤1~4）
- 乌梅高汤 …50 mL（参照第118页步骤5、6）
- ※将二者充分搅拌均匀。

油炸用油、二番出汁（参照第117页）、盐、淡口酱油 …各适量

1　鸡腿肉抹盐后腌制10~15分钟，下锅煎熟。

2　茄子去皮，下锅油炸，沥去多余油，放入加了盐、淡口酱油的二番出汁里炖煮。

3　1切成适口大小的块，和2的茄子一起盛碗里，倒入热好的肉鸡乌梅高汤，没过食材。

4　顶上点缀大和当归叶和花。

◎熏鸭肉高汤

这是一款散发烟熏风味的高汤。利用燃烧秸秆来熏鸭肉，比起烧碎木片，其烟熏味更自然柔和一些。

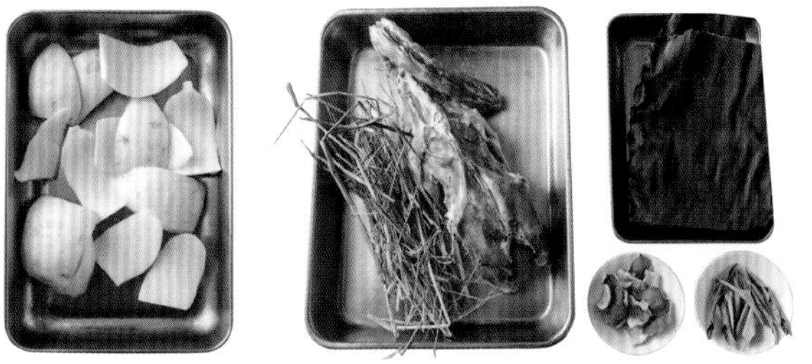

材料

鸭骨架 …1只鸭的
昆布（真昆布）…20 g
水（山泉水）…1.5 L
清酒 …适量
大和橘树叶 …3片
大和橘橘子皮 …15 g
芜菁皮…适量
秸秆（燃烧用）…适量

＊大和橘：日本特有的一种土生土长的柑橘。

1 鸭骨架放在炭火网上炙烤。

2 其间不断翻转，让其烤出均匀的焦黄色。

3 网下的炭火上加入秸秆。

4 盖上锅盖，让鸭骨架充分感受烟熏。

5 4的鸭骨架放入锅里，加入昆布、芜菁皮、橘树叶、橘子皮、清酒、水，开火炖煮30分钟。

6 用滤网隔着烘焙纸过滤高汤。

高汤制作的学问

日式高汤制作中，会用熏鲣鱼干这类食材做出独特的带有烟熏味的高汤。这一道熏鸭肉高汤同样以烟熏味为特点。在其他类别的料理中，不太有用熏制食材做汤的，这恐怕是日式料理（日式高汤）的专属特色了吧。虽说法式料理和中式料理的汤品也有用到鸭肉这类食材，但加入了烟熏这一制作环节，好像就更独具日式料理（日式高汤）风味了。

鸭肉 芜菁 橘子 烟熏飘香

鸭肉和柑橘本身特别搭。这次专门选用了日本土生土长的柑橘品种大和橘，能让食客在充分感受柑橘清香的同时，品尝到极为可口的鸭肉。

材料

鸭胸肉 …适量

芜菁 …适量

芜菁茎叶 …适量

大和橘橘皮丝 …适量

熏鸭肉高汤（参照第120页） …150 mL

二番出汁（参照第117页）、盐、淡口酱油 …各适量

葛粉 …适量

1 芜菁洗净去皮，放入加了盐、淡口酱油的二番出汁里煮软入味。芜菁茎叶开水焯一下，然后放入加了盐、淡口酱油的二番出汁里浸泡。

2 鸭胸肉烤好备用。

3 烤好的鸭胸肉切薄片，和1的芜菁、芜菁茎叶一起盛盘。

4 热好的熏鸭肉高汤里放入葛粉勾芡，淋在3上，顶部点缀橘皮丝。

◎香草甲鱼高汤

甲鱼不仅肉质细腻柔软，也能做出美味的高汤。

制作时使用了多达5种香草香料，赋予了这款高汤更加浓厚独特的香气。

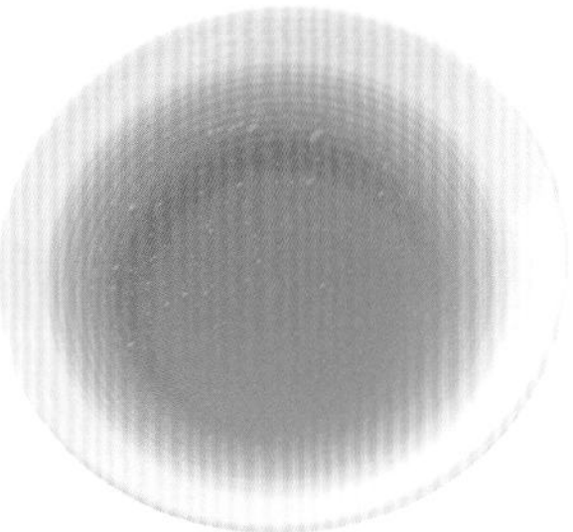

材料

甲鱼（洗净处理好）… 1只

昆布（真昆布）…20 g

香草香料［干燥后的大叶钓樟（山橿）、鱼腥草、魁蒿、艳山姜（月桃）、甘茶］…适量

中等硬度的水 …2 L

清酒 …200 mL

浓口酱油 …适量

盐 …适量

＊甘茶是一种日本甜茶，由发酵的粗齿绣球的叶子制成。

1　处理好的甲鱼肉和硬壳、昆布、水、清酒一起放入锅里，开火炖煮。

2　加热过程中去除浮沫。

3　炖煮约1小时后，甲鱼煮软了，再放入香草香料、盐、酱油调味。

4　捞出3的甲鱼肉（会用于后续料理）。

5　用滤网隔着烘焙纸过滤高汤。

＊前面提到的很多高汤用水是（箕面山）山泉水，本次甲鱼高汤的用水是取自鹿儿岛县雾岛的中等硬度的水，它能有效去除甲鱼自带的腥臭味。

松茸甲鱼砂锅 香草高汤风味

这道料理不仅点缀着菊花和松茸，还散发着香草香料的怡人气息，食客们在享用时，视觉和味觉都能感受到满满的秋意盎然。

材料

甲鱼肉（参照第122页做法煮完高汤后的汤渣底料）…适量

松茸…适量

茼蒿…适量

菊花（黄色、紫色花瓣）…适量

香草甲鱼高汤（参照第122页）…200 mL

淡口酱油…适量

1 砂锅里倒入香草甲鱼高汤，放盐、淡口酱油调味后，开火加热。

2 1里放入开水焯过的黄色菊花花瓣、甲鱼肉和切成适口大小的松茸一起煨煮。

3 煮好后放入茼蒿，最上面点缀紫色菊花花瓣。

◎发酵洋葱鳗鱼法式清汤

鳗鱼骨可以煮出非常美味的高汤。为了凸显主角，这道高汤我们采用了复杂烦琐的法式清汤的烹饪方式。利用蛋清使汤色更清亮，利用发酵洋葱和伊吹麝香草则使高汤有了更深层次的口感和风味。

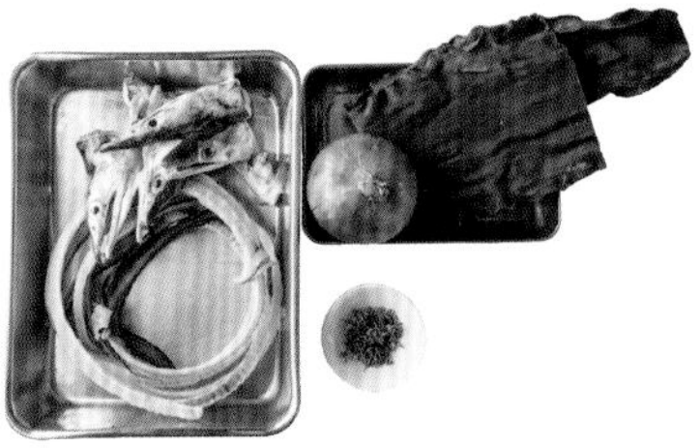

材料

鳗鱼的边角料 …1条鱼的

发酵洋葱 …100 g

昆布（真昆布） …20 g

水（山泉水） …1 L

清酒 …适量

伊吹麝香草 …适量

蛋清 …适量

*伊吹麝香草：即地椒，唇形科百里香属，多年生灌木状常绿小草本，有强烈芳香气。广泛分布于日本、朝鲜、中国、印度。在日本因多自由生长于伊吹山，又散发近似麝香的芬芳气味而名为伊吹麝香草。

*发酵洋葱：洋葱洗净切丝，泡淘米水里常温发酵（夏天3天，冬天4~5天，根据散发的气味掌握发酵程度）。发酵完成后放进冰箱冷藏（常温不能放太久）。

1 鳗鱼的边角料开水汆烫后，和昆布、发酵洋葱一起放入锅里，加水、清酒开火炖煮。

2 炖煮过程中除去浮沫，煮30分钟左右。

3 用滤网隔着烘焙纸过滤高汤。

4 过滤出的高汤重新倒回锅里开火加热，加入伊吹麝香草后立马从火上移开，静置放凉。

5 4放凉后，加蛋清搅拌均匀，再次开火加热。

6 蛋清凝固后漂浮起来。

7 用滤网隔着烘焙纸再次过滤高汤。

发酵洋葱鳗鱼椀物 散发伊吹麝香草香味

这是一道极富个性的创意料理，比单纯的鳗鱼椀物更让人印象深刻。

材料

鳗鱼 …适量
冬瓜 …适量
羊栖菜 …适量
鳗鱼鳔 …适量
紫苏花穗 …适量
发酵洋葱鳗鱼法式清汤（参照第124页）…200 mL
二番出汁（参照第117页）…适量
盐、淡口酱油 …各适量
苏打粉 …适量
葛粉 …适量

1 冬瓜洗净去皮，盐和苏打粉按等量均匀抹在冬瓜上，腌渍30分钟后以热水煮熟，放入二番出汁里，加盐调味继续煮，然后在冬瓜上轻轻划几刀。羊栖菜开水焯一下后，浸泡在二番出汁里，加盐、淡口酱油调味。鳗鱼鳔开水汆烫一下。

2 鳗鱼切花刀后切成适口大小，撒盐腌制10~15分钟。

3 2正反面都均匀地抹上葛粉。

4 煮一锅开水，3带皮的那面朝下轻轻下锅，待其像花开一般散开时就捞起来。

5 将1的冬瓜盛碗，羊栖菜、鳗鱼鳔和4的鳗鱼一起放入碗里，顶上点缀紫苏花穗。

6 整碗慢慢倒入热好的发酵洋葱鳗鱼法式清汤。

◎发酵葱白瑶柱高汤

经淘米水发酵过后的葱白，能为这道高汤带来相当独特的风味。

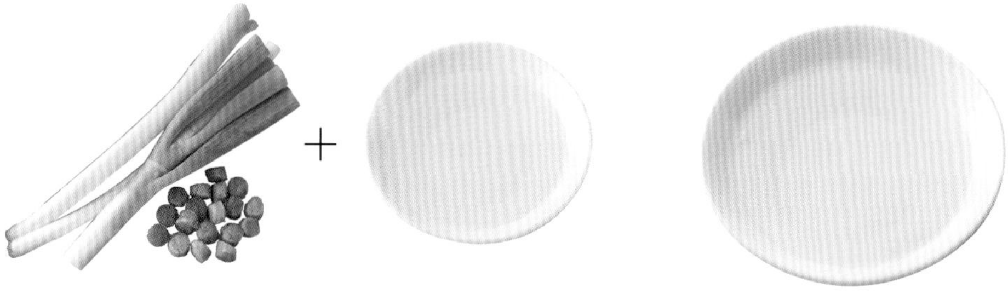

材料

昆布高汤

- 昆布（真昆布）…20 g
- 水（山泉水）…760 mL

发酵葱白 …150 g

瑶柱 …100 g

清酒 …适量

1 按照第105页做法，以昆布和水做好昆布高汤。瑶柱提前泡发好。将放凉的昆布高汤、发酵葱白、泡发好的瑶柱和泡瑶柱的水，一起加入锅里开火炖煮，加清酒调味。

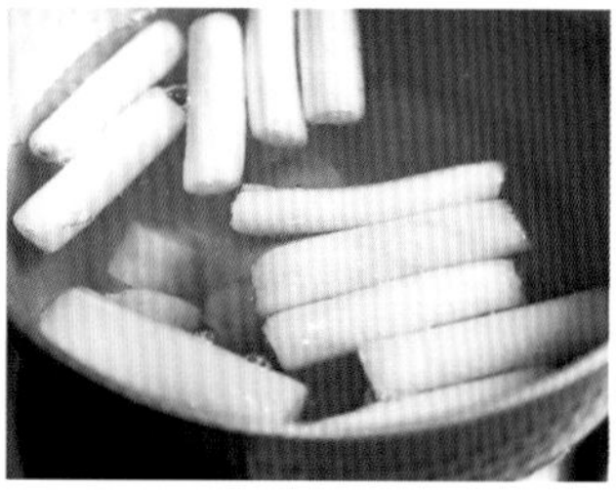

2 大火煮出味道后葱白已变软（这里的葱白会用于后续料理）。

＊发酵葱白：大葱葱白部分（切5 cm段）浸泡于淘米水中，常温静置发酵（夏天4~5天，冬天1周左右，根据散发的气味判断发酵程度）。发酵完成后放进冰箱冷藏（常温不能放太久）。

3 用滤网隔着烘焙纸过滤高汤。

高汤制作的学问

葱白含的谷氨酸并不多，但所含的硫化物随着发酵过程能给汤带来独特的味道。汤头的鲜味主要源自昆布和瑶柱，但别具一格的香气则源自葱白，正是基于这样的考量设计出这道独树一帜的高汤。

红点石斑鱼 清蒸鱼头 发酵葱白高汤

这道料理的一大特色就是发酵葱白的加入，哪怕是萃取过高汤的发酵葱白，也能带来不那么中规中矩的体验。

材料

红点石斑鱼鱼头 …1个

发酵葱白（参照第126页煮过高汤的葱白）…适量

葛根粉丝 …适量

绿白葱丝 …适量

发酵葱白瑶柱高汤（参照第126页）…200 mL

盐、清酒、淡口酱油 …各适量

昆布(真昆布) …适量

＊绿白葱丝：以大葱刨成绿白相间的细丝。

1　红点石斑鱼鱼头均匀抹盐后腌制2~3小时。

2　1用开水汆烫后，放冰水里冷却，去除鱼鳞和黏液备用。

3　锅里铺好昆布，放上2的鱼头，淋上清酒蒸熟。

4　锅里倒入发酵葱白瑶柱高汤后开火加热，加入3蒸出来的汤汁。

5　3的鱼头、发酵葱白、葛根粉丝、绿白葱丝盛盘，轻轻倒入4的汤汁，没过食材。

◎发酵菌菇高汤

类似于第126页的发酵葱白瑶柱高汤，这道高汤采用发酵菌菇来制作。菌菇使用的是原木养殖的菌菇。

材料

昆布高汤

- 昆布…20 g
- 水…760 mL

发酵菌菇…200 g

清酒…适量

＊发酵菌菇：原木养殖的菌菇，泡淘米水里常温发酵（夏天4~5天，冬天1周左右，根据散发的气味掌握发酵程度）。发酵完成后放进冰箱冷藏（常温不能放太久）。

1 按照第105页做法，以昆布和水做好昆布高汤。将放凉的昆布高汤、发酵菌菇一起加入锅里开火炖煮，加清酒调味。

2 大火煮开，菌菇煮香煮软后除去浮沫（这里的菌菇会用于后续料理）。

3 用滤网隔着烘焙纸过滤高汤。

牛里脊肉 发酵菌菇高汤风味

这道发酵菌菇高汤和肉类十分契合。

材料

牛里脊肉（切薄片）…适量

牛蒡（刨薄片）…适量

发酵菌菇（参照本页做法煮过高汤后的菌菇）…适量

大葱葱叶（斜切葱段）…适量

芹菜碎…适量

花椒粉…适量

发酵菌菇高汤（参照本页）…200 mL

淡口酱油、浓口酱油…各适量

1 发酵菌菇高汤以淡口酱油、浓口酱油调味后加热，依次放入牛里脊肉、牛蒡片、发酵菌菇、葱段一起炖煮。

2 1盛盘，倒入刚煮过的汤底。

3 顶上点缀芹菜碎，撒花椒粉。

◎白味噌藏红花龙虾高汤

因为这道高汤要用于制作龙虾料理，所以在高汤的萃取过程中，干脆让龙虾的虾头、虾壳这些边角料也加入。其实好的味噌，加水一调和就是一份简单美味的高汤。若再加些昆布高汤，鲜味就会有点过头，我的做法是加水炖煮。

材料

伊势龙虾 …1只（300 g）

白味噌 …80 g

藏红花（浸泡在500 mL水里）…适量

＊鲜活的伊势龙虾去头，连同虾壳一起中间切开，除去外壳，取出虾肉（虾肉会用于后续料理）。

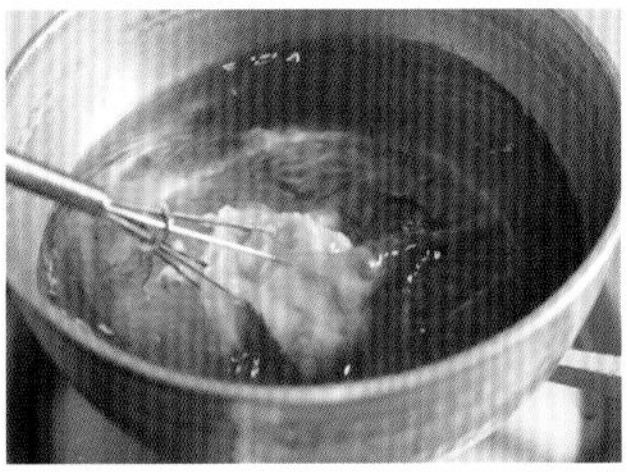

1　将浸泡藏红花的水倒入锅里开火，加入白味噌使其溶化。

2　伊势龙虾虾头和外壳放进去，稍微加热一下。

3　用滤网隔着烘焙纸过滤高汤。（伊势龙虾的虾头和外壳不要丢弃，会用于后续料理的装饰。）

伊势龙虾配竹笋白味噌藏红花风味

伊势龙虾的知名度毋庸置疑，但白味噌的地位也毫不逊色。

材料

伊势龙虾肉 …适量

竹笋 …适量

米糠、干辣椒（日式鹰爪辣椒）、炖菜汤底［一番出汁（参照第106页）加盐、淡口酱油调味］…各适量

花椒芽 …适量

白味噌藏红花龙虾高汤（参照本页）…200 mL

＊煮完高汤后的龙虾虾头和外壳用于摆盘装饰。

1　锅里依次放入竹笋、米糠、水、干辣椒后开火炖煮。

2　1的竹笋静置放凉后，去皮切成适口大小，放入炖菜汤底里煨熟。

3　加热白味噌藏红花龙虾高汤，放入切成适口大小的虾肉煨熟。

4　3的虾肉和2的竹笋一起盛盘，之前备用的虾头和外壳用于摆盘装饰，轻轻倒入3的汤汁。

5　顶部点缀花椒芽。

◎古法制寺纳豆高汤

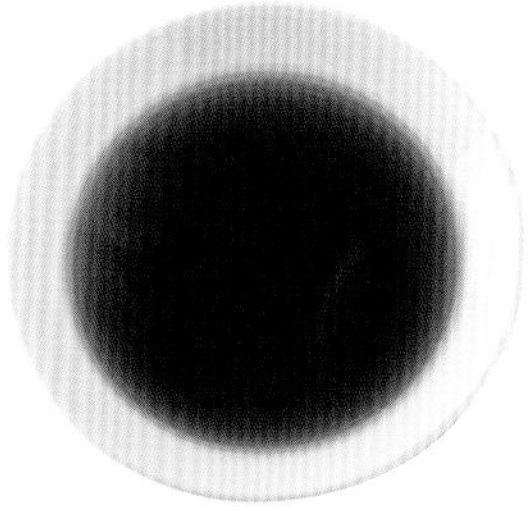

这是一款仅靠植物食材制成的纯素高汤。汤头散发着浓郁的一休寺纳豆的纯鲜和咸香，外加柿子皮的酸甜和炒黄豆的焦香。

材料

一休寺纳豆… 50 g

昆布（真昆布）…15 g+10 g

柿子皮（晒干）…50 g

黄豆（炒熟）…80 g

水（山泉水）…100 mL+500 mL

＊一休寺纳豆：遵循僧人一休宗纯传承下来的古法制成。蒸熟的黄豆裹上炒过的大麦粉，经麴菌发酵，再历经10个月的天然晾晒风干制成。

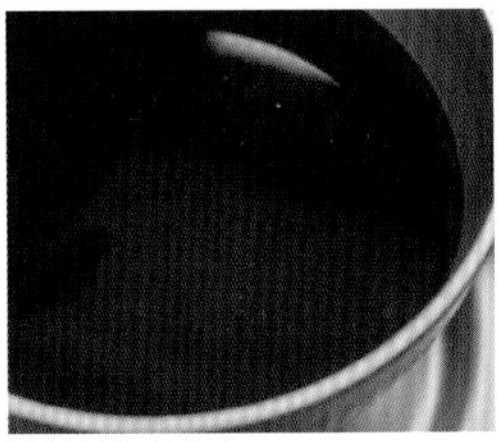

1 锅里放15 g昆布、纳豆和100 mL水静置一晚。

2 1开火炖煮30分钟，去除浮沫。

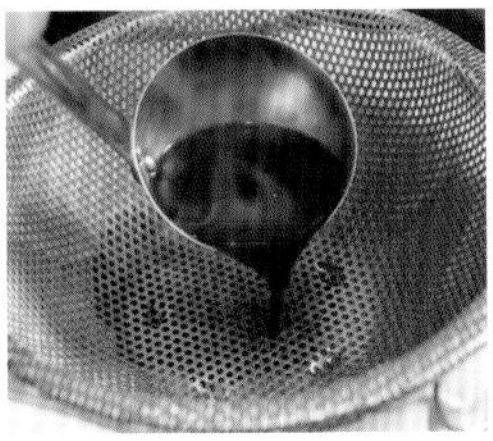

3 用滤网隔着烘焙纸过滤高汤。

4 另一锅里放入10 g昆布、柿子皮、炒黄豆、500 mL水，开火炖煮。

5 加热30分钟后，用滤网隔着烘焙纸过滤高汤。

6 各自煮好的两种高汤。

7 加热5的黄豆高汤，然后倒入3的寺纳豆高汤，充分搅拌均匀。

8 尝味道，调整咸度。

高汤制作的学问

经麴菌发酵的黄豆，蛋白质分解产生了谷氨酸。一休寺纳豆和昆布的鲜味互相叠加使汤的鲜味翻倍，黄豆炒后发生美拉德反应，产生的诱人香味更让人食欲倍增。

无花果 古法制寺纳豆高汤风味

无花果的柔和酸甜与寺纳豆高汤的咸香完美契合。

材料

无花果 …适量

青柚子皮（刨丝）…适量

古法制寺纳豆高汤（参照第132页）…100 mL

1 无花果洗净去皮，中间对半切开，烤熟备用。

2 碗里盛入1的无花果，加入热好的古法制寺纳豆高汤。

3 顶部点缀青柚子皮丝。

『Ubuka』

加藤邦彦

加藤邦彦　1977年生于日本宫城县。因十分喜爱甲壳类食材，加入了连锁餐厅『道乐蟹料理』，之后又在京都的日料餐厅研习日式料理制作的基础知识。曾就职于新西兰的日料店和新宿的中餐厅『莲华』。2012年在东京的四谷区（荒木町）自立门户，开了自己的甲壳类料理专门店『Ubuka』。『Ubuka』以日式料理为基础，巧妙灵活地融合其他派系料理的烹饪手法，尽最大可能在料理中发掘甲壳类食材的魅力与潜力。

为了更契合虾蟹这类食材，店里制作一番出汁、二番出汁使用的是罗臼昆布和金枪鱼干，同时尽可能充分彻底地萃取出它们原始本真的鲜味。

像我们这样的甲壳类料理专门店，会用到大量的虾蟹类食材，虾蟹壳常常堆积，很占空间。实在放不下了，我们就将一部分虾蟹壳脱水干燥再磨成粉保存。即便如此，还是无法将所有的库存完全消耗掉。

甲壳类和贝类无法直接食用的部分确实不少。不过甲壳类的外壳倒也有别的用途，用来炖煮高汤就是最有意义的发挥其功效的方式之一。我们店里用到的虾蟹类都是活虾活蟹，到货就马上开始加工，这样做出来的菜品就没有腥臭味。用这样鲜活的虾蟹的外壳炖煮出的高汤也十分清亮。但相对的，也会觉得汤头欠缺一些甲壳类食材的风味。于是我们继续摸索，研发出先烤外壳或者先炒外壳之后再炖煮的烹饪方式，这样的高汤就更接近我们所想了。

只不过仅用虾蟹类外壳炖煮高汤，鲜味还不够浓厚，这时加些昆布和蔬菜提鲜增香，就会为整道高汤带来更加均衡的口感层次和味道。制汤的重点，还是要考虑如何最大限度地吊出虾蟹类食材自有的鲜香。

即便是小小的厨房，有限的团队，只要多花心思也能制出妙汤。本店的冷冻高汤便是一项创新。将虾蟹类外壳连同昆布一起放入水里直接进冷冻库制汤，时间可控，操作简便，美味的快手高汤信手拈来。

如果总是靠金枪鱼干和昆布来制汤，食材资源有限，长此以往只怕会越来越难。就拿昆布来说，毕竟是天然食材，进货、品控都有一定的不确定性。考虑到这些问题，就想到用蔬菜、菌菇、鱼的边角料以及贝类来组合搭配炖煮高汤。说起来，虾蟹和贝类本来也很契合，我们把贝类高汤和虾蟹类高汤混合使用在料理中，效果就很好。未来我们还会尝试更多的可能性。

◎昆布高汤

昆布用的是罗臼昆布，水用的则是净化水（译者注：日本的自来水管道出来的就是直饮净化水）。东京的自来水和罗臼昆布、日高昆布、真昆布都很搭，而鲜味最强烈的罗臼昆布和甲壳类食材又非常契合。此外，本店使用的金枪鱼干和罗臼昆布也很配。

材料

昆布（罗臼昆布）…250 g

水（净化水）…10 L

1 锅里放入水和昆布，温度保持在60 ℃，加热2小时（时间是大概范围，按味道来掌握）。

2 待味道充分彻底炖煮出来后，捞出昆布。

高汤制作的学问

东京市区的自来水硬度偏高，不太容易析出谷氨酸，而罗臼昆布的谷氨酸含量高于利尻昆布，所以选用罗臼昆布来萃取高汤。

◎一番出汁

以罗臼昆布熬煮的昆布高汤，加入去除鱼背上发黑部分的金枪鱼干萃取一番出汁，在使用当日新鲜现做。搭配虾蟹类食材，金枪鱼干比鲣鱼干更适合。

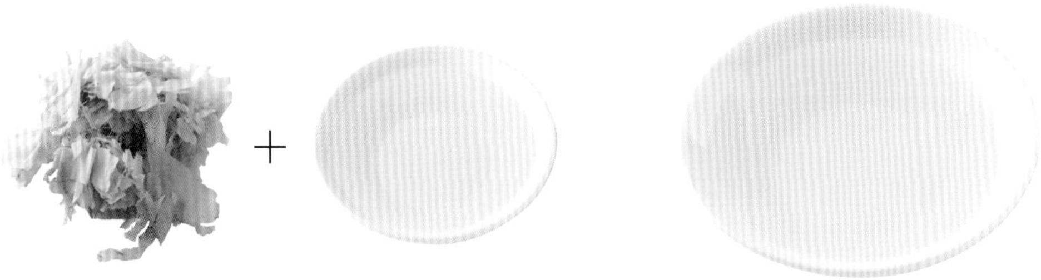

材料

昆布高汤

- 昆布（罗臼昆布）…250 g
- 水（净化水）…10 L

金枪鱼干（去除鱼背上发黑部分）…250 g

1 参照第135页做法，煮好昆布高汤。昆布捞出来后，把高汤继续加热到将沸不沸的程度。

2 1转小火，放入金枪鱼干。

3 如果出现浮沫的话，及时去除（因为用的是去除鱼背上发黑部分的金枪鱼干，产生浮沫的可能性非常小）。

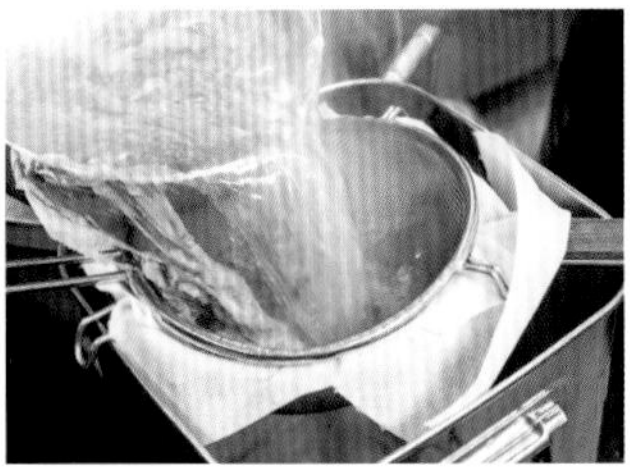

4 用滤网隔着烘焙纸过滤高汤（无须再挤压汤渣底料）。

高汤制作的学问

金枪鱼干的肌苷酸含量比鲣鱼干更丰富，二者的香气也不同，可视料理的具体需求来选择。

◎二番出汁

二番出汁除了用于制作炖菜料理和味噌汤，也可作为汤底来搭配其他菜品。因为萃取充分，这道高汤鲜味十足。

材料

一番出汁（参照第136页）的汤渣底料…第136页的量

水…与汤渣底料等量

1 萃取过一番出汁的汤渣底料重新倒回锅里，加入等量的水。

2 开中火炖煮10分钟。

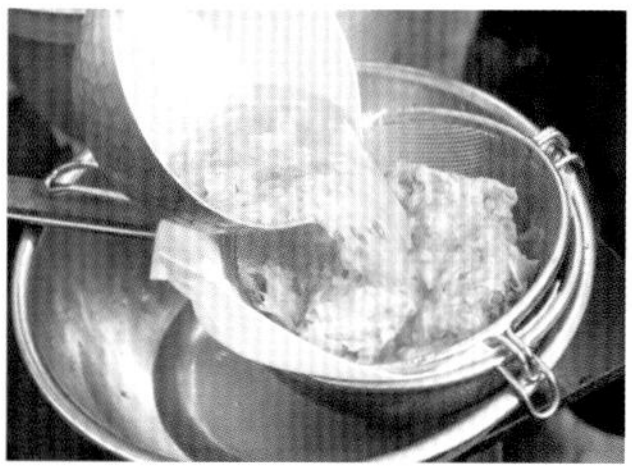

3 捞出昆布，用滤网隔着烘焙纸过滤高汤。

4 用汤勺挤压出汤渣底料里残留的汤汁。

◎竹节虾高汤

在虾类中，竹节虾的壳最能萃取出品质上乘的高汤。有些做法是用带着虾膏的虾头炖煮，这道高汤连虾膏也没用，只用虾壳部分就做出了香气怡人、呈现琥珀色的清亮高汤。虾壳经过炙烤更出香气，烤前用开水汆烫，能防止虾壳变色。

材料

竹节虾壳（虾头不带虾膏）…1 kg

昆布（罗臼昆布）…25 g

水（净化水）…适量

清酒…20 mL

1 水煮开后，虾壳下锅。

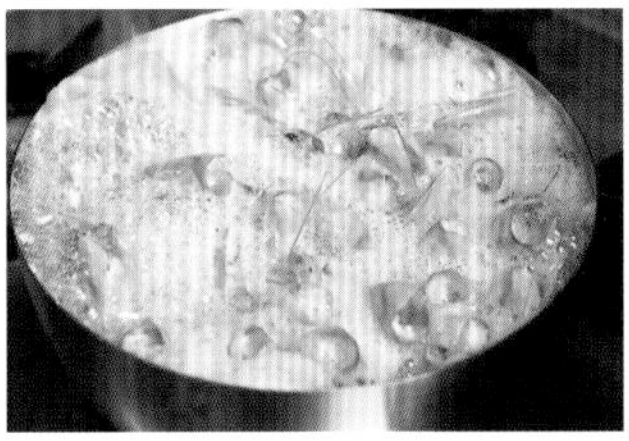

2 再次煮开，捞出虾壳，滤干水。

3 2的虾壳平铺在烤盘上，烤箱设定成中火烘烤。

4 烤出焦黄色后，翻面再烤，直到烤出香味。

5 4的虾壳下锅后，放入清酒、昆布。

6 大火煮开后去除浮沫，捞除一次即可，后面可不再管。继续炖煮30分钟，火候控制在汤持续冒泡的程度。

7 用滤网隔着烘焙纸过滤高汤。

＊虾蟹清理洗净之后，虾蟹壳不马上处理则容易发黑，必须马上放冰箱冷冻，等存够一定量就可以用来炖煮高汤了。

＊虾头粉碎后可冷冻保存，待需要熬煮浓郁的高汤时再拿出来用。水煮开后放入冷冻虾头，去除浮沫，沥干水分，进烤箱烘烤，之后同样可用上述做法出汤。

竹节虾高汤蛋卷

这是一道红虾配白蛋（特意选用日本米鸡蛋），两种颜色相映成趣的美味料理。

材料

日本米鸡蛋 …5个

竹节虾肉（剁碎）…适量

竹节虾高汤（参照第138页）…120 mL

盐、淡口酱油 …各少量

稻米油（米糠油）…适量

调色萝卜泥（萝卜泥加少量淡口酱油混合搅拌）…少量

花椒芽 …少量

＊日本米鸡蛋：大米饲养的鸡产的蛋，就连蛋黄都呈米白色。

1 鸡蛋打散，和高汤混合拌匀后，加盐、淡口酱油调味，放入剁碎的虾肉。

2 煎锅里加入稻米油，开火煎1，煎成蛋卷形状。

3 2做好后切5等份盛盘，放上调色萝卜泥，点缀花椒芽。

竹节虾真丈椀物

不折不扣的竹节虾椀物料理，从虾壳到虾肉都用上了。

材料

竹节虾 …1只

竹节虾肉（剁碎）…100 g

白身鱼肉泥 …80 g

鸡蛋汁

- 蛋黄 …1个
- 虾膏油（参照第155页）…100 mL
- 虾膏（参照第155页，虾膏油的沉淀）…20 g

昆布高汤（参照第135页）…适量

竹节虾高汤（参照第138页）…适量

盐、淡口酱油 …各少量

花椒芽 …少量

1 做鸡蛋汁：碗里加入蛋黄，沿碗边缓慢倒入虾膏油，用打蛋器搅拌均匀，继续放入虾膏一起搅拌均匀。

2 剁碎的虾肉、鱼肉泥和1一起搅拌混合，再加入昆布高汤准备做真丈。

3 2揉捏成丸子的形状，在盐水里汆熟。

4 竹节虾放入盐开水里稍微汆烫，剥去虾壳只留虾尾部分（事先取出虾膏），切开虾肉，在虾背上划一刀以方便食用。

5 将3的真丈、4的竹节虾放入碗里，放上虾膏和花椒芽。

6 加热竹节虾高汤，以盐、淡口酱油调味，倒入5的碗中。

竹节虾版茶泡饭

鲷鱼茶泡饭的鲷鱼换成了竹节虾。

材料

竹节虾（生鲜活虾，做鲜切刺身）…3只
芝麻…适量
浓口酱油…适量
烤海苔（切丝）…适量
米果…适量
山葵泥…适量
青柚子皮丝…适量
竹节虾高汤（参照第138页）…100 mL
米饭…100 g

1 研磨钵里放入芝麻，手动研磨，加入少许酱油，细细研磨均匀。
2 竹节虾去壳对半切开。
3 茶碗里添饭，将2的虾蘸1的酱料后铺在白米饭上。放上海苔碎、山葵泥，撒上青柚子皮丝、米果。
4 把加热到滚烫的竹节虾高汤注入3中。

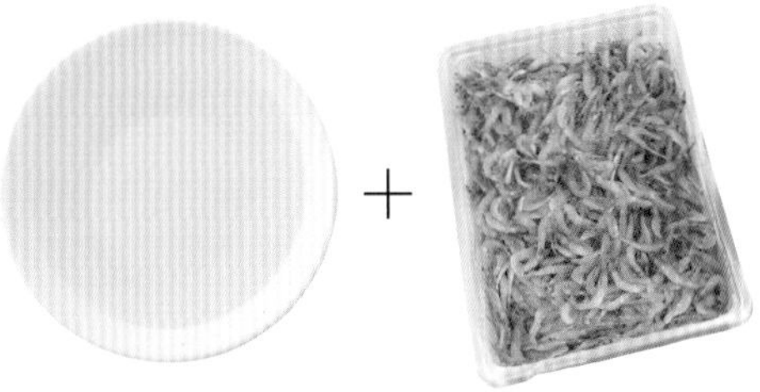

◎樱花虾高汤

赶上樱花虾上市，这道时令高汤不仅能萃取出虾的鲜美，更能呈现出美丽的光泽。只要煮一锅米饭，将煮完高汤的樱花虾油炸后铺到米饭上，就做成了樱花虾炊饭这道健康好吃的料理。

这里采用冷泡萃取法制作昆布高汤，以此填补樱花虾的鲜味不足。

材料
樱花虾（鲜活虾）…500 g
昆布高汤
昆布（罗臼昆布）…60 g
水（净化水）…2 L

1 昆布泡水，放冰箱冷藏区静置冷藏一天，完成冷泡昆布高汤。樱花虾清洗收拾干净。

2 昆布高汤中取出昆布，开火炖煮。

3 煮开后轻轻去除浮沫（泡泡）。

4 放入樱花虾开大火炖煮（注意控制火候，不要让樱花虾变黑）。

5 去除浮沫。

6 煮开后，用滤网隔着烘焙纸过滤高汤。

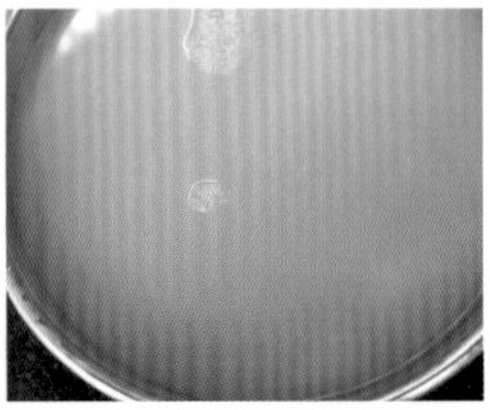

7 透出淡粉色的高汤。

8 滤网上的汤渣底料待冷却后直接下手挤捏。

＊挤捏后的樱花虾油炸后可以跟煮好的米饭拌着吃。

9 挤出的汤汁加到之前过滤出的高汤里。

高汤制作的学问

与竹节虾类似，樱花虾也富含谷氨酸，肌苷酸含量虽不太高，却也能萃取出很鲜美的高汤。在罗臼昆布的加持下，获得醇厚、浓郁、富有层次感的高汤不是难事。

樱花虾炊饭

食材简单，只有白米饭和樱花虾。为了凸显美丽的色泽，还尽可能缩减了调味料的种类和用量。

材料（3人份）

樱花虾高汤（参照第142页）…540 mL

樱花虾（参照第142页的做法得到的汤渣底料）…200 g

米（泡好水）…600 g

油炸用油（稻米油）…适量

盐…适量（高汤量的1%）

清酒…20 mL

1 樱花虾高汤加盐、清酒，与泡好水的米一起下锅煮。

2 汤渣底料樱花虾以200 ℃油温直接裸炸，在烘焙纸上过滤油，稍稍撒盐。

3 1做好后，铺上2。

◎竹节虾快手高汤（二番出汁＋虾壳）

这是用二番出汁打底做虾蟹高汤的一种非常方便快捷的方法，在临时加急需要虾蟹高汤时很管用。二番出汁本身很鲜，再融入虾蟹自带的香气，就能做出独具风味的高汤。

＋

材料
竹节虾壳（平铺摆盘，风干机干燥一天）…30 g
二番出汁（参照第137页）…1 L

1 竹节虾壳平铺摆上烤盘，以中火烘烤。

2 烤至焦黄酥脆，注意别烤煳了，烤好后取出30 g的量。

3 锅里加入二番出汁，温度控制在80 ℃不煮开的程度（煮开会让汤头发涩，昆布和金枪鱼的鲜香也会受损）。

4 3中放入2，加热约30秒。

5 用滤网隔着烘焙纸过滤高汤。

竹节虾汤面

鲜美的竹节虾高汤配上清爽的汤面，让人食欲大增。

材料
面条 …适量
竹节虾…1只（1人份）
大葱（选粗身葱白切成葱圈，泡水除去辛辣味）…适量
柚子皮碎 …适量
竹节虾快手高汤（参照第144页）…适量
盐、淡口酱油、味淋 …各适量

1 竹节虾放盐开水里汆烫，剥壳后肚子对切，可在虾肉表面轻轻用刀划几下以方便食用。

2 锅里倒入竹节虾快手高汤加热，以盐、淡口酱油、味淋调味。

3 煮好面条后直接用凉水冲洗降温，沥干水后放入汤碗，加入1的竹节虾，随后倒入2的热高汤，虾上铺葱圈，最后撒上柚子皮碎。

◎松叶蟹快手高汤（二番出汁＋蟹壳）

参照第144页竹节虾快手高汤的做法，只是原材料的虾壳换成了蟹壳。

＋

材料
松叶蟹壳（风干机干燥一天）…100 g
二番出汁（参照第137页）…1 L

1 松叶蟹壳平铺摆上烤盘，以中火烘烤。

2 烤至焦黄酥脆后取出。注意别烤煳了。

3 用剪刀把2的蟹壳大致剪开，取出100 g的量。

4 锅里加入二番出汁，温度控制在80 ℃不煮开的程度（煮开会让汤头发涩，昆布和金枪鱼的鲜香也会受损）。

5 4里加入3。

6 继续炖煮30秒。

7 用滤网隔着烘焙纸过滤高汤。

松叶蟹煮甜白菜

松叶蟹和白菜这两种食材一起搭配，从口感到味道都相得益彰。把白菜淋上松叶蟹快手高汤上锅蒸，白菜吸纳了汤汁的鲜美，十分入味。→做法详见第212页

清炒塌菜炖蟹肉

乍一看像中餐，有了高汤的加持又呈现出日式料理的画风。→做法详见第212页

◎冷冻竹节虾高汤

这是用事先烤好的虾蟹类食材的外壳和昆布一起泡水，再冷冻制成的高汤。这样的做法可以萃取出十分纯粹的鲜味，汤头也清亮透彻，没有其他杂味混入，也没有昆布的胶质黏稠感。在需要使用高汤的前一天，将其从冷冻区移到冷藏区慢慢地解冻，即可得到想要的味道。省心又省事，美味不打折。再者，这道高汤和鲜蔬也很搭，不仅能让蔬菜入味而且汤汁清甜，很容易做出美味的炖菜料理。

材料

竹节虾壳（去除头部）…400 g

昆布（罗臼昆布）…60 g

水（净化水）…2 L

1 虾壳平铺摆上烤盘，中途注意翻面，烤至整体呈现均匀的焦黄色，香气四溢。

2 昆布和1放入密封袋后加一定量的水。

3 彻底密封好后放进冰箱冷冻区冷冻。

4 保持密封状态下冷冻保存。

5 在需要使用的前一天移入冷藏区慢慢解冻，在完全解冻之前，用滤网隔着烘焙纸过滤高汤。

＊将甲壳类食材的外壳烤制后制汤，能让汤头更加带有虾蟹自身的鲜味，哪怕做成冷冻高汤也是如此。

高汤制作的学问

竹节虾壳烤制后发生美拉德反应散发出香味，香味容易挥发，但把烤过的虾壳和昆布一起加水冷冻可以很好地保存这个香味。而昆布所含的海藻酸等黏稠状多糖类所组成的分子结构，随着慢慢解冻的过程，浓度高的部分会先溶化而成浓郁的高汤。浓度若是足够高，即使在低温状态下也能溶化，这样的冷冻浓缩方式又称冰过滤（ice filtration）。因此以这种方式萃取高汤，最好在完全解冻之前就过滤。

海老芋配特制竹节虾酱汁

用竹节虾高汤煨煮海老芋，再过油炸，最后淋上特制的虾肉多多的酱汁，每一口都能品尝到竹节虾的鲜美。

材料
冷冻竹节虾高汤（参照第148页）…适量
海老芋 …半颗
竹节虾 …2只
日式太白粉（马铃薯淀粉）…适量
油炸用油 …适量
盐、味淋 …各少许
葛粉水 …适量
柚子皮（刨细丝）…少许

＊海老芋，因外形独特，呈虾（日文“海老”）状而得名，也称虾芋。口感甘美，细腻柔滑。

1 海老芋切成六面体块状，用淘米水煮熟（竹签能穿透为宜）后放水里冷却。
2 1沥干水后下锅，加入高汤，以盐、味淋调味，小火煨煮10分钟左右，静置放凉。
3 2的芋头切成适口大小，彻底滤干水后，均匀地轻轻抹上一层太白粉，再以180 ℃油温油炸后盛碗。
4 竹节虾去壳后虾肉剁成泥。
5 开火加热2的汤汁，放入4，加入葛粉水勾芡制成酱汁。将酱汁淋在3上，最后以柚子皮丝装饰。

◎冷冻松叶蟹高汤

参照第148页的做法，只是原材料的虾壳换成了松叶蟹的壳。

材料
松叶蟹壳 … 600 g
昆布（罗臼昆布）… 60 g
水（净化水）…2 L

1 松叶蟹壳平铺摆上烤盘，烤至香气四溢。

2 烤好后取出烤盘。

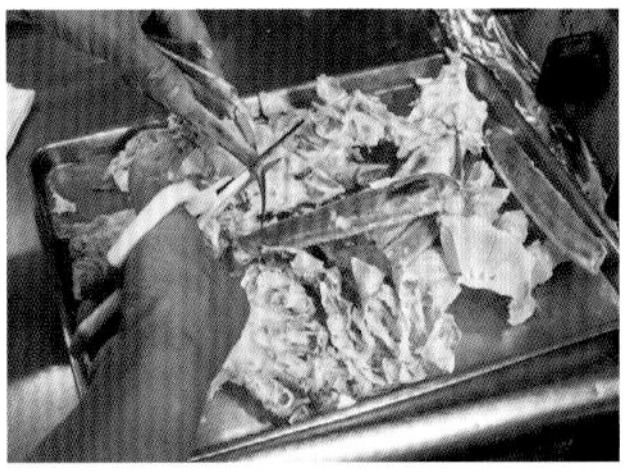

3 将蟹脚的锐刺和其他感觉尖锐的地方修剪掉（防止扎破密封袋）。

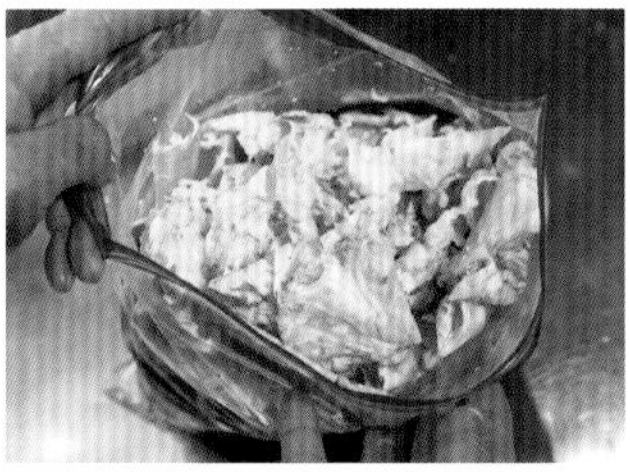

4 昆布和3加入一定量的水后进密封袋。

5 彻底密封好后放进冰箱冷冻区冷冻。

6 保持密封状态下冷冻保存。

7 在需要使用的前一天移入冷藏区慢慢解冻，在完全解冻之前，用滤网隔着烘焙纸过滤高汤。

松叶蟹高汤配松叶蟹鲑鱼子

在松叶蟹高汤的浸润下，松叶蟹和鲑鱼子有了更深的交融。→做法详见第212页

松叶蟹膏味噌酱炖萝卜

萝卜用松叶蟹高汤炖煮，再盖上一勺充满蟹膏风味的味噌。→做法详见第213页

◎甲壳类法式清汤

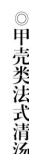

本店不局限于只做日式料理，还会引进各式融合菜品以及多样的烹饪技法。这道法式清汤就是一种尝试。乍一看清澈透亮的高汤，却富含虾蟹浓郁醇厚的鲜味。若有蔬菜加持，汤头则更为清甜，口感层次整体更加丰富均衡。此外，还可以通过调整汤底的浓度，将之更广泛、灵活地应用于各色料理，比如熬浓稠些直接用作佐味酱汁，或是加些金华火腿和鱼翅一起炖煮又呈现出中餐的画风了。

材料

甲壳类高汤 …约5 L

- 各种虾蟹的外壳（虾蟹用盐开水汆烫，取完虾蟹肉后剩下的外壳。冷冻保存后使用）… 适量（差不多可以放满一个边缘周长34 cm、深度5 cm的锅）
- 水 …5 L
- 清酒 …180 mL

＊并不局限于具体哪种甲壳，单一的虾壳或单一的蟹壳也都行。因所用食材不同，汤的味道会有所差异。这里用的是短足拟石蟹（日本花咲蟹）、松叶蟹母蟹、岛虾、牡丹虾、甜虾、猛者虾的外壳。

A

- 生姜（去皮切1 cm丁）…小块
- 胡萝卜（切1 cm丁）…1根
- 洋葱（去皮切1 cm丁）… 1颗
- 洋葱皮 …1颗洋葱的
- 鸡胸肉肉糜… 1 kg
- 蛋清 …4只鸡蛋的
- 丁香 …3~5粒

清酒 …180 mL

番茄（去蒂，底部划十字）…1颗

＊注意不要混入味道重的芹菜、月桂等。

1 做甲壳类高汤：锅里放满各类虾蟹壳。

2 加水，水量没过食材后加清酒。

3 大火炖煮2，煮开后去除浮沫（虾壳多的话浮沫就多）。

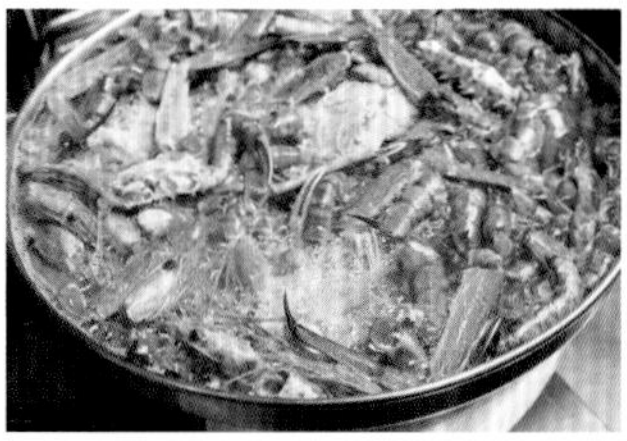

4 注意火候，此时调成中火炖煮30分钟（持续开大火煮过头了汤会变浑浊，小火炖煮火候又不够），时不时尝一下味。

5 用滤网隔着烘焙纸过滤高汤。

6 高汤完成，静置放凉后放进冰箱冷藏一天。

7 做法式清汤：材料A全部放入锅中，用手充分拌匀。

8 往7里加冷却的6。注意从上面清澈部分舀出汤汁（动作轻柔尽量不碰到汤底部分），少量多次慢慢添加，充分搅拌均匀。

9 搅拌到一定程度，再把剩下的所有高汤倒进去充分搅拌。之后加清酒。

10 9开大火煮，用手搅拌，不让食材生锅（温度控制在手可以伸进去的程度）。

11 变热后放入番茄，避免生锅，用木勺继续不断搅拌，一直加热到快煮开。

12 待肉糜和蔬菜浮上来，接近煮开不停冒泡的时候转中火。

13 用木勺在中间稍微拨开一块（如图），继续加热20分钟（注意掌握时间，煮过头了会有虾蟹腥味）。

14 法式清汤就煮出来了。

15 用汤勺轻轻地一勺一勺地舀到滤网里，隔着烘焙纸过滤。

16 得到的法式清汤带锅放冰水里急速冷却，之后放进冰箱冷藏静置一天。

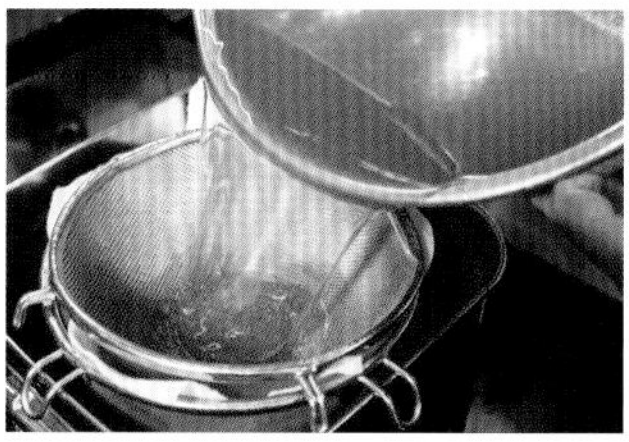

17 将16按照15的方式再次过滤，去除浮上来的油脂层。

高汤制作的学问

汤汁浑浊多是由分散的油脂引起的。法式料理中的常用技法，是用肉糜和蛋清中的蛋白质吸附杂质让汤汁清澈澄净。这里则是将肉糜和蛋清一起加入冷高汤，缓慢加热的过程中蛋白质会慢慢凝结，吸附包裹分散的油脂，再通过继续加热产生对流，让油脂浮到表面。

*在法式料理中，为了获得清澈的汤品通常会用牛肉糜。这里担心牛肉的味道盖过虾蟹，所以采用了味道更清淡的鸡肉糜。

竹节虾法式清汤炖圣护院萝卜

以法式高汤为基底炖煮圣护院萝卜，将萝卜煮得十分入味。为了突出汤头的鲜美，不再添加其他多余的食材和调味料。

材料（方便制作的量）

竹节虾法式清汤（参照第152页，只使用竹节虾壳）…适量

圣护院萝卜…1个

柚子皮丝…适量

1 萝卜洗净去皮切16等份的萝卜块，放入淘米水中煮熟，静置放凉备用。

2 锅中加入1后，倒入竹节虾法式清汤开火炖煮。

3 按照一人份一块萝卜的量盛盘，浇上60 mL炖煮的汤底，上面点缀柚子皮丝。

甲壳类法式清汤酱汁温泉蛋

有了甲壳类法式清汤勾成的酱汁，就连普普通通的温泉蛋都变得优雅起来。

材料（1人份）
鸡蛋（日本米鸡蛋）…1个
甲壳类法式清汤（参照第152页）…适量
（1人份 30 mL）
葛粉水…适量
虾味米果、小菜芽…各适量

＊虾味米果：米果裹上虾膏油，再烤到酥脆。

1 鸡蛋煮成温泉蛋后剥开装碗。
2 加热甲壳类法式清汤后加入葛粉水勾芡，往1里淋上30 mL。撒上虾味米果，点缀小菜芽。

＊虾膏油

① 冷冻保存的虾头（含虾膏）放入锅中，加入等量的稻米油后开大火炒制，温度控制在150 ℃，不时翻炒，防炒煳生锅，待炒香、虾钳也变得酥脆后，在碗上方直接架滤网过滤。
② 用工具碾压留在滤网上的虾壳，还能进一步挤压出虾膏油。
③ 沿着滤网滴下的就是虾膏油，沉淀到下层的就是虾膏，虾膏可用来加重菜品味道。

◎藤壶高汤

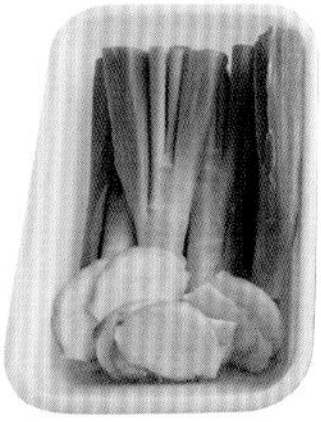

藤壶有点像螃蟹和贝壳的合体，能熬制出鲜味浓郁的高汤。藤壶外壳也非常出味。先加水再开火炖煮，由于食材的盐含量高，做汤过程无须再加盐调味。

材料
峰富士藤壶（青森县出产养殖）…2 kg
大葱（去除葱白部分的绿葱段）…适量
姜片 …适量
清酒 …360 mL
水（净化水）…适量

1 藤壶在流动的清水下用棕刷（常用于洗锅的）刷干净，去除里外的脏污。

2 1放入锅中，加入绿葱段、姜片、清酒和水，水量没过食材。

3 盖上铝箔纸开火炖煮。

4 煮开后去除浮沫，继续大火煮3分钟。

5 用滤网隔着烘焙纸过滤高汤。

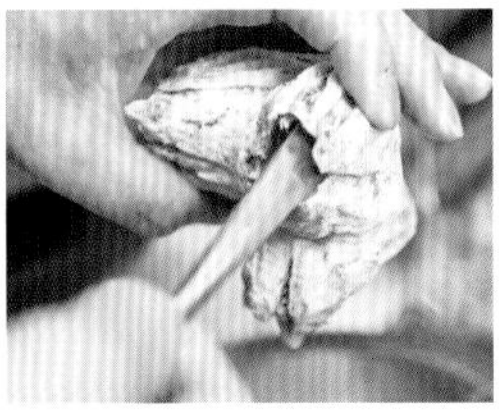

6 不那么烫手后，用金属汤勺勺柄伸入藤壶撬出藤壶肉，这个操作过程中会有很多汁水流出，建议在5的汤锅上方操作。

7 用小镊子轻轻夹出藤壶肉（后续用于制作料理）。

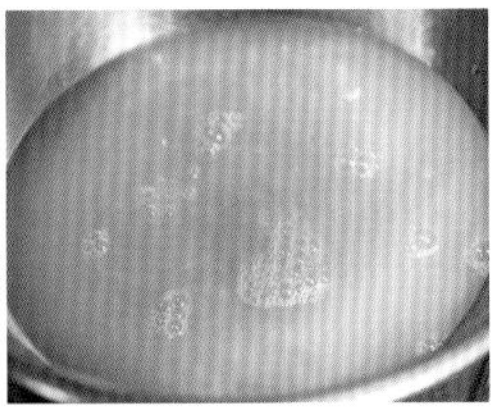

8 香味四溢的高汤。

＊藤壶肉太硬的部位丢掉，处理好后放入1% 的盐水中搓洗。后续用于制作料理。

藤壶莼菜

酸橘的加持让这道藤壶莼菜更加酸爽可口。

材料
藤壶高汤（参照第156页）…适量
鲜榨酸橘汁…适量
藤壶肉（参照第156页做法取得的藤壶肉）…适量
莼菜…适量

1 酸橘汁加到藤壶高汤里，再放进冰箱冷藏备用。

2 莼菜放开水里稍微焯一下，色泽呈现出来后立刻放进冰水冷却。

3 1盛盘中，随意撒上2的莼菜和藤壶肉。

藤壶汤冻

藤壶高汤做成类似果冻状的高汤冻。用到的是高盐食材，制作过程无须额外放盐。→做法详见第213页

藤壶椀物

以藤壶高汤为基底发挥的一道椀物料理。→做法详见第213页

藤壶茶碗蒸蛋

仅以藤壶本身的鲜和咸来简单调味。

材料

藤壶高汤（参照第156页）…适量，按配比
鸡蛋…适量，按配比
藤壶肉（参照第156页做法取得的藤壶肉）…适量
生姜（磨成泥）…适量

1 鸡蛋打散，蛋液和藤壶高汤按照1：4的配比备料，充分搅拌混合均匀，过筛后倒入茶碗里，放进已上汽的蒸锅蒸15分钟。

2 1蒸好后轻轻摆上藤壶肉和生姜泥，再次放回蒸锅保温。

◎日式虾味浓汤

这道日式虾味浓汤的萃取方法不同于传统的日式高汤，而是借鉴了法式浓汤的制作方法，只不过法式浓汤通常蔬菜占比较大，这道高汤则是虾壳占比较大。同时用生姜和昆布取代了大蒜，用清酒和一番出汁取代了白葡萄酒。这样出品的浓汤不同于传统的法式高汤，而是呈现出来偏日式的风格。

材料（方便制作的量）

虾壳、虾头（带虾膏）…1 kg

大葱（去除葱白部分的绿葱段）…30 g

生姜 …20 g

稻米油 …180 mL

洋葱（切碎）… 1颗

西芹 （切碎）… 1根

胡萝卜（切碎）… 1根

清酒 …200 mL

白米饭 …100 g

番茄汁（原味无盐）…500 mL

一番出汁（参照第136页）… 500 mL

水（净化水）… 500 mL

1 用稻米油将绿葱段、生姜以大火爆炒。

2 炒香后放入虾壳、虾头，用木锅铲碾碎并翻炒（此时大火转中火），直到虾壳炒熟，感觉有点生锅的程度。

3 炒的时候注意火候，炒得好的话整锅都呈现虾红色（如果一开始整锅食材没有均匀受热，则会发黑）。

4 依次放入洋葱碎、西芹碎、胡萝卜碎。

5 继续翻炒。

6 中火翻炒约15分钟后整锅食材开始逐渐生锅，散发出虾特有的香气（注意火候别炒煳了）。

7 锅边黏附的食材用木锅铲铲下来继续翻炒，整体翻炒一两次后加大火候，倒入清酒。

8 锅内壁黏附的食材用硅胶铲全部铲下来。

9 调大火候，酒精开始挥发，放入白米饭、番茄汁、一番出汁，充分搅拌均匀，继续炖煮15分钟。

10 关火后静置放凉。之后倒入料理搅拌机打碎。

11 将网眼粗细不同的两只漏勺叠放在准备盛装高汤的容器上，缓缓倒入10，用硅胶铲轻轻按压以过滤汤汁。

12 留在漏勺里的汤渣。

13 重新将12的汤渣倒回锅里，加500 mL水炖煮10分钟。锅内壁的汤渣也用硅胶铲铲下来。

14 继续用11用过的漏勺过滤高汤，用硅胶铲按压帮助过滤。

15 完工。

＊先通过网眼很粗的漏勺，再通过网眼较细的漏勺，如此过滤得到的浓汤口感更加细腻丝滑。如果一上来就用网眼较细的漏勺，汤汁不容易滴落下来。

日式竹节虾浓汤

在鲜奶油的加持下，仅加盐就足够美味。

材料（1人份）
日式虾味浓汤（参照第160页，采用竹节虾的虾壳、虾头）…50 mL
鲜奶油（脂肪含量35%）…25 mL
盐、黑胡椒（粗颗粒状）…各适量
米果…适量

1 加热日式虾味浓汤后，倒入鲜奶油，放盐调味。

2 在温热的汤碗里倒入1，撒上黑胡椒粒和米果。

卷心菜包虾肉配竹节虾酱汁

小小一份浓汤可以制成酱汁，起到点睛之笔的作用。

材料（1人份）
日式虾味浓汤（参照第160页，采用竹节虾的虾壳、虾头）…适量
一番出汁（参照第136页）…少量
竹节虾的肉（鲜活虾去壳后剁成肉泥）…20 g
卷心菜（盐开水焯熟）…1片
盐…少量
葛粉水…适量
小菜芽…少量

1 虾肉泥用卷心菜包裹卷好，放入已上汽的蒸锅中蒸10分钟。

2 日式虾味浓汤里加少许一番出汁，以盐调味，加葛粉水勾芡。

3 上菜专用砂锅碗中放入1，淋上2，点缀小菜芽。

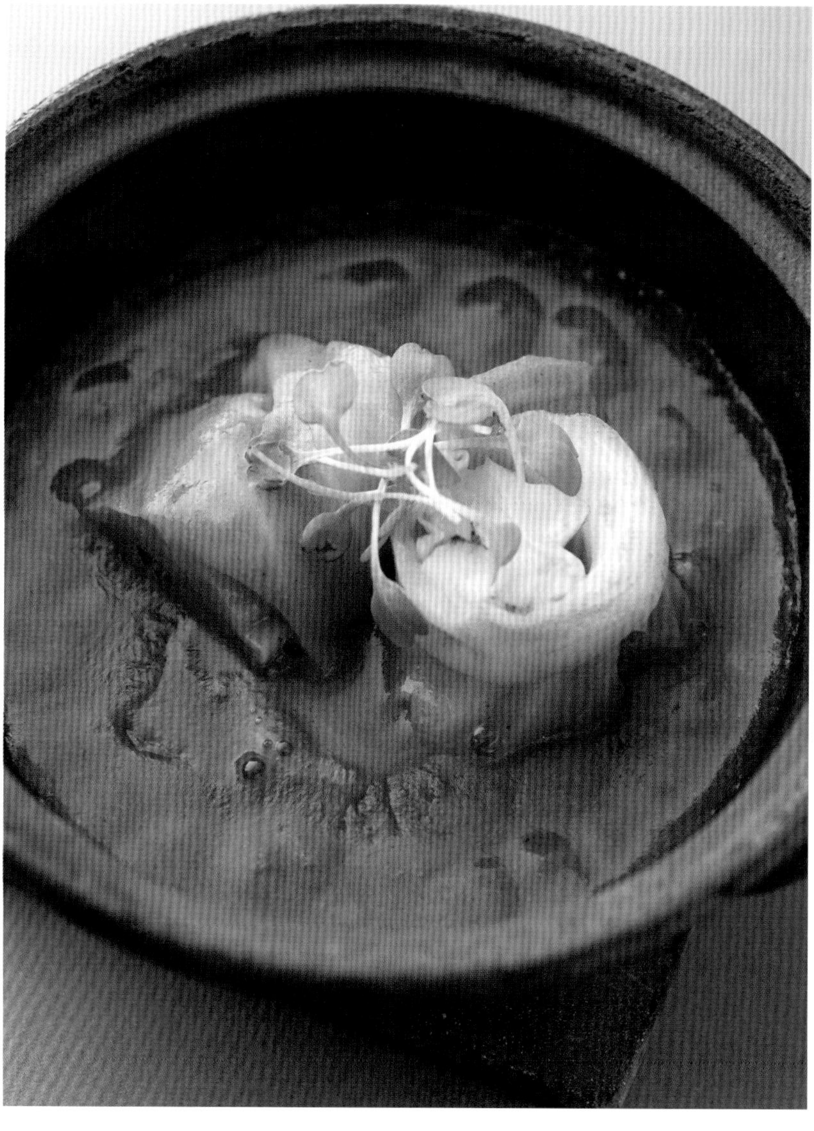

◎醇厚蟹味高汤

这是一道融合了螃蟹的鲜美与蔬菜的清甜的高汤。选用的蟹壳不同，出汤的味道也会有差异。夏季的应季选材是梭子蟹，口感清爽。冬季的应季选材是毛蟹、松叶蟹等，味道醇厚。稍稍以盐调味就是一道美味汤品，也可以放些鲜奶油制成浓汤。用来炖煮胡萝卜等根茎类蔬菜也很好吃。

材料

蟹壳（带蟹膏）…1 kg
稻米油…少许
清酒…500 mL
一番出汁（参照第136页）…500 mL
水（净化水）…500 mL+1 L
色拉油…适量
大葱（去除葱白部分的绿葱段）…20 g
生姜（切碎）…10 g
洋葱（切碎）…20 g
西芹（切碎）…10 g
胡萝卜（切碎）…20 g
番茄（切丁或使用罐装番茄）…1颗
白米饭…50 g

＊当天用当天做，使用取出蟹肉的蟹壳（蟹每天的品质不尽相同）。蟹壳如果含蟹膏，萃取的高汤汤头浓郁，不含则汤头清爽。

1 锅里倒入稻米油后开大火，倒入蟹壳翻炒，木锅铲碾碎蟹壳使其均匀受热，充分碾压，尽量将蟹壳压得细碎，出汤效果会更好。

2 水分收干后改中火，不断搅拌以防生锅炒煳，不停翻炒至炒香（这一步也可改用烤箱烘烤）。

＊锅内壁黏附的食材虽也是美味的来源，但一旦有一处炒煳了整锅汤就报废了。所以火候很重要，一定要一边不断翻炒一边确认香味。（“将煳未煳”状态最理想。）

3 加入清酒，酒精挥发的过程中用锅铲把锅内壁黏附的食材铲下来，倒入一番出汁和500 mL水煮开后继续加热10分钟。

4 3倒入食物料理机搅拌打碎。

5 用网眼粗细不同的两只漏勺叠放在容器上过滤高汤。

6 过滤后留在漏勺里的汤渣重新倒回锅里，加1 L水继续煮开。煮开后转中火继续加热10分钟。

7 6倒回叠放的漏勺，用汤勺按压帮助出汁。和5过滤出的高汤充分混合。

8 另起一锅倒入色拉油，下绿葱段和生姜拌炒。

9 炒香后放入洋葱碎、西芹碎、胡萝卜碎，待整锅呈现鲜亮橙黄色，中火转小火，慢慢炒出蔬菜的香甜味。

10 放入番茄丁翻炒。

11 加入白米饭（增加汤的黏稠度）。

12 往11里少量、多次轻轻倒入7，充分搅拌均匀后继续加热。

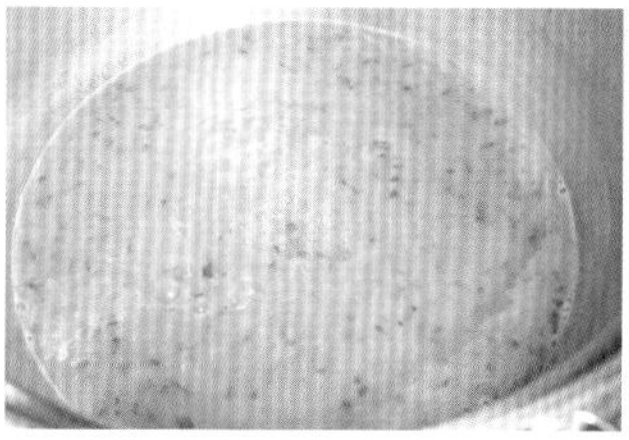

13 煮开后转小火，继续煨煮10~20分钟。

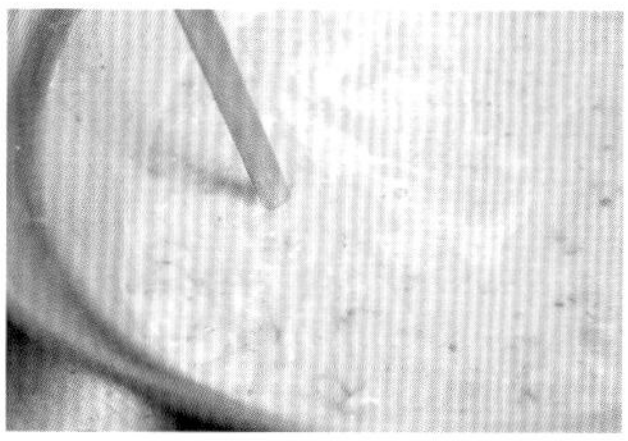

14 用搅拌棒继续搅拌均匀，此时白米饭所含的淀粉已经使汤头十分黏稠了。

15 倒入叠放的漏勺过滤，以汤勺按压帮助出汁。

16 完工。

蟹肉浓汤

蟹肉的鲜美随着第一口汤汁入口就绽放开来，这是一道不折不扣的日式蟹肉浓汤。

材料

醇厚蟹味高汤（参照第164页）…适量

毛蟹（盐开水汆烫，从蟹壳中剥出蟹肉）…适量

生姜丝…少许

盐…适量

1 毛蟹肉炙烤出香味。

2 1盛入汤盘，倒入热好的醇厚蟹味高汤，在蟹肉上摆放生姜丝。

延伸篇：异国料理主厨的日式高汤应用

『Sublime』

加藤顺一

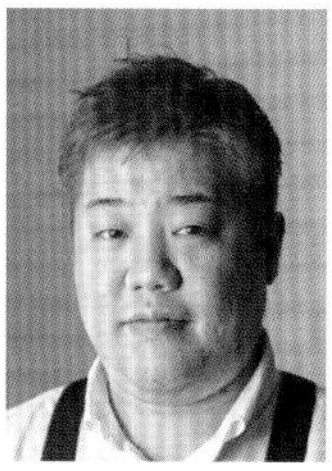

加藤顺一是位于东京都麻布十番的法式餐厅『Sublime』的主厨。加藤顺一主厨自厨师专门学校毕业后，在『芝公园饭店』的法餐厅『TateruYoshino』研习厨艺，之后在和歌山县的『Hotel de Yoshino』担任大厨副手。随后前往法国进修厨艺，在巴黎的『Astrance』工作一段时间后，又前往丹麦哥本哈根的『AOC』『马歇尔』等餐厅学习北欧料理。2015年回日本后，在同年开张的『Sublime』餐厅担任主厨。

加藤顺一擅长在法餐制作技艺基础上，融入北欧料理的烹饪技法，并能将日本本土的食材灵活发挥其中，为食客展现出独具特色的满含异域风情的原创料理。

法餐里的『bisque』(贝类浓汤等)常指甲壳类炖煮的奶油浓汤酱汁。它十分美味，用作蘸料常和螯龙虾（又名波士顿龙虾）一起呈现。我在做伊势龙虾时，就想到了以bisque来搭配，第一次尝试就很得心应手。不过到了品尝的时候，让人印象特别深刻的不是虾本身，反倒是精心调制的酱汁。

伊势龙虾相比螯龙虾，肉质更加柔软细嫩，所以为了凸显其口感，同时不让食材沾染过多的其他风味，做这个料理（做法参照第170页）我选择了只加黄油以低温烹制。还是用特别好吃的咸味酱汁来搭配吗？我不禁产生疑问。用上过于美味的『高光酱汁』，不论是搭配螯龙虾、伊势龙虾、竹节虾还是草虾，最后全都成了一样的『美味』。这样用心精选的食材就变得毫无意义了。用餐后，虽然食客还是会说『好吃』，但实在无法由衷地赞叹这是一道充分活用了食材的料理。

从善用、活用食材的角度出发，我希望能用别的酱汁来搭配伊势龙虾，于是就用金枪鱼干萃取的高汤配合草本香料来制成酱汁，这是从制作日式料理的角度出发思索出来的。

眼下，不仅有种类丰富的食材，还能配合多样化的烹饪方式。哪怕是做法餐，用传统的日式高汤调配也不足为奇。但我只是觉得确有必要的时候才去用，不必刻意地专门为了用日式高汤去研发菜品。

一旦我们有了『这是传统的日式高汤』这种固有的思维模式，操作起来就不能随心所欲、得心应手。好比用鲣鱼干煮汤会散发淡淡的烟熏味，如果我们也能调配出一种既鲜美又散发淡淡烟熏味的酱汁，可以发挥的空间就更广了吧。这里倒也不是一味强调酱汁的重要性，只是作为整个料理过程中的一环来思考罢了。

黄油煎伊势龙虾
佐香草金枪鱼酱汁

我个人非常喜爱黄油和高汤融合的香味，整份菜品在稍稍添加了一点香草气息后味道再度升级。如果用鲣鱼干萃取的高汤味道恐过于浓烈，于是选用了较为柔和的金枪鱼干萃取的高汤。

生姜昆布风味越前蟹汤冻

我原本就非常喜欢螃蟹和生姜的搭配，这道料理中，让蟹肉入味的清汤是生姜昆布风味。中间夹着洋葱慕斯，顶上盖一片生姜风味的昆布高汤啫喱片。无论从视觉口感还是层次味道都带给食客至高的享受。是高级套餐中前菜的不二之选。

黄油煎伊势龙虾 佐香草金枪鱼酱汁

材料
伊势龙虾 …1只
无盐黄油 …适量
酱汁
┌昆布高汤 …适量
│金枪鱼干 …适量
└葛粉 …适量
迷迭香油 …适量
鹤首南瓜（鹤首葫芦）泡菜 …适量

＊昆布高汤：利尻昆布加水，以60 ℃温度炖煮1小时萃取。
＊迷迭香油：迷迭香和葵花籽油按照1：2混合，以搅拌机搅打均匀，用纱布过滤。
＊鹤首南瓜泡菜：处理好的鹤首南瓜泥塞到鹤首南瓜里，做成日式腌渍南瓜。

1　伊势龙虾放开水里汆烫1分钟，过冰水冷却放凉后，自壳中取出虾肉。

2　无盐黄油下锅，以低温熔化后放入1，注意虾肉不要煎变色，小火慢煎到半熟。

3　酱汁：昆布高汤里放入金枪鱼干，煮开后过滤做好一番出汁，加入葛粉勾芡，再滴上迷迭香油。

4　2的虾肉装盘，加入鹤首南瓜泡菜，顶部淋上加热过的3的酱汁。

生姜昆布风味 越前蟹汤冻

材料
越前蟹 …适量
大料、生姜、利尻昆布、蛋清、吉利丁片（泡发后）…各适量
草本香料［虾夷葱（细香葱、北葱）、香芹、茼蒿、欧芹、茴香］…适量
洋葱慕斯
└洋葱、无盐黄油、蛋清 …各适量

生姜风味的昆布高汤啫喱片
└利尻昆布、生姜、寒天 …各适量
茼蒿芽 …少量
茼蒿油 …少量

＊茼蒿油：茼蒿和葵花籽油按1：2混合，以搅拌机搅打均匀，用纱布过滤。

1　开水汆烫越前蟹，从蟹壳中取出蟹肉、蟹膏和蟹卵。撕碎蟹肉。蟹壳保存备用。

2　另取一只越前蟹切大块，和1的蟹壳、大料、生姜、昆布下锅加水开火炖煮，煮2小时左右制成螃蟹高汤。

3　2中加入蛋清去浊，得到汤色清澈的法式清汤。

4　3中放入吉利丁片和撕碎的蟹肉、草本香料充分混合。

5　洋葱慕斯：洋葱切薄片后放入无盐黄油翻炒，注意不要炒变色。炒熟后放搅拌机里打成泥，倒入蛋清后生成的氮氧化物即为慕斯状。

6　生姜风味的昆布高汤啫喱片：昆布加水后以60 ℃温度炖煮1小时，得到昆布汁。取适量的昆布汁加热煮开后关火，加姜片，香味充分浸入后过滤。在生姜昆布汁中放入寒天，轻轻展开成圆形薄片，固定成形。

7　4装盘，挤一些5的慕斯，用6的啫喱片盖住，最后撒上茼蒿芽，滴几滴茼蒿油。

『Don Bravo』

平雅一

『Don Bravo』餐厅位于东京旁调布市，是一家意大利料理餐厅。大厨平雅一的厨艺生涯，始于林冬青先生经营的一家位于广尾的餐厅『ACCA』，后到意大利佛罗伦萨的『La Tenda Rossa』等餐厅研习厨艺。回日本后，参与了餐厅『Ristorantino Barca（现名为TACUBO）』的筹备开业，随后在下马区的餐厅『Boccondivino』就任主厨，之后自立门户于2012年开了属于自己的餐厅『Don Bravo』。

平雅一在意大利料理的做法基础上，灵活自由地加入日本本土食材。致力于为食客呈现包括但不限于意大利传统料理的更多的美味料理。

其实不仅是高汤，在料理的创作上，我也没有局限于哪个派系类别。当初研习厨艺在意大利餐厅，后来刚好又去了意大利，仅此而已。

一家正统的意大利餐厅，好像不应该费心于靠高汤或酱汁调味，而应该专注于用意大利的本土食材做出最地道的当地美味。但我开餐厅的目的，是想把自己认为最好吃的料理呈现给客人，所以如果添加足够鲜的日式高汤能让菜品更出彩我并不排斥，要是刻意排斥就有违我开餐厅的初衷了。

回日本后，我积极参加主厨间的料理研习交流，得到的新知识、信息和技法我也充分积极地运用到自己的菜品制作中。日式高汤的制作也是跟传统日式料理的大厨们学到的。

我们餐厅仅出品高级套餐料理。若是单点料理，就得在单一餐盘上取得平衡，但以套餐来说，本身就是考虑到了色香味的各种平衡制作出来的，也能带给食客们最好的体验。这其中不乏需要鲜味登场的时候呢。

日式高汤具备西式高汤不具备的鲜味、均衡和清雅的口感，对日本人而言更有一种难以言表的味道上的信赖感。对憧憬着来吃意大利料理的食客来说，意大利料理应用日式高汤，会给他们带来一种出其不意的惊喜，这样的菜品放在套餐中的前菜端出来正合适不过。例如本店现在的套餐所推出的第一道『意大利杂菜汤（minestrone）』，就是利用蔬菜的各种边角料炖煮成的高汤混合鸡汤，上桌前滴上几滴橄榄油制成。或许和仅凭菜名想象出的内容有些出入，但应该能让食客对接下来的整个套餐产生兴趣和期待吧。

蛤蜊浓汤

在蛤蜊正当时的季节，我们餐厅的套餐中会推出这份菜品。届时菜单上也会印有大家熟悉的『蛤蜊浓汤』这个名称。值得一提的是，我们呈现的恐会跟大家想象中的蛤蜊浓汤有所出入。汤头的画风更向『日式高汤』的明亮清澈靠拢，入口后又发现不是白式高汤。这样的反差就会很有趣。手法类似于把日式高汤按照意大利料理的方式呈现出来，而向意大利料理靠拢的关键就在于最后加入的橄榄油。

茶碗蒸蛋

这份茶碗蒸蛋，专门加入了和歌山县『山利』出品的小银鱼。盐水煮过的银鱼饱含脂肪，吃起来口感细软，十分美味。银鱼和鸡蛋本身也很搭，意大利料理中也常用二者做煎蛋。为了更好地发挥银鱼风味，比起意式煎蛋，其实加有高汤的蒸蛋或许更合适，于是就有了这道菜品。在大家司空见惯的蒸蛋上，放上银鱼和刺山柑（产于地中海，常腌泡于醋中用作调味料），淋上橄榄油就是一道全新的菜品。其实还是在熟悉的领域对食材稍加变化运用，哪怕是其中的每种都品尝过，最后吃起来还能有焕然一新的愉快体验。

青花鱼配烤番茄干高汤

这是一道用面粉裹上青花鱼后下油炸，然后配上烤番茄干高汤的美味料理。烤番茄干高汤其实就是泡过烤番茄干的水，直接用作高汤。不论是想法还是做法都非常日式了吧。

蛤蜊浓汤

材料

一番出汁
- 利尻昆布 …25 g
- 鲣鱼干 …5 g
- 水 …1 L

蛤蜊汤
- 蛤蜊 …适量

意大利欧芹油
- 意大利欧芹、太白芝麻油 …各适量

EV（伊薇）特级初榨橄榄油… 少量

1 昆布泡水静置一晚。

2 1倒入锅里，以80 ℃水温加热1.5小时。

3 取出昆布后，煮开后去除表面浮沫。

4 待温度降到85 ℃放入鲣鱼干，关火。以滤网过滤一番出汁。

5 蛤蜊汤：锅里加水淹没蛤蜊，开火炖煮，香味出来后关火过滤汤汁。

6 意大利欧芹油：将意大利欧芹和太白芝麻油混合后放入料理机打碎，加热到60 ℃，颜色就慢慢出来了。花上一天时间慢慢过滤。

7 蛤蜊汤和一番出汁按照1∶3的比例充分混合均匀，盛碗后，滴1滴EV（伊薇）特级初榨橄榄油和少许意大利欧芹油即可呈上。

茶碗蒸蛋

材料

一番出汁（参照上文）…适量

鸡蛋 …适量

淡口酱油 …适量

刺山柑（腌渍刺山柑）、盐水煮过的小银鱼 、EV（伊薇）特级初榨橄榄油 …各适量

1 一番出汁和鸡蛋液、淡口酱油混合搅拌均匀后过筛，倒入碗中，上蒸锅蒸5分钟，即得鲜香爽滑的蒸蛋。

2 1摆上刺山柑和小银鱼，然后淋些特级初榨橄榄油。

青花鱼配烤番茄干高汤

材料

烤番茄干高汤
- 水 …1 L
- 烤番茄干 …250 g

青花鱼（鲜鱼切块）…适量

盐、小麦粉、鸡蛋、面包糠、油炸用油 …各适量

布拉塔芝士（又名水牛马苏里拉芝士）…少量

熟土豆泥 …适量

番茄粉 …少量

*熟土豆泥：北海道村上农场出品的土豆蒸熟后去皮，碾压成泥后，加入牛奶和黄油搅拌均匀（烤番茄干高汤带咸味，故此处无须放盐）。

1 烤番茄干高汤：水中放入烤好的番茄干，进真空袋封存，常温静置一天（选用的番茄干不同，萃取出来的汤汁味道会有差异）。

2 青花鱼抹盐，依次裹上小麦粉、打好的蛋液、面包糠，下油锅炸。

3 2盛盘，削入少许布拉塔芝士，放上熟土豆泥，撒番茄粉，最后加些1的汤。

*做过高汤的番茄干还有味儿，可用在员工餐中。

用于制作日式高汤的主要原材料

昆布

主要昆布种类与产地

昆布的品种分为14属45种，其中在日本食用的大概有十几种。日本国内的昆布产量约有95%来自北海道全域，其余则沿青森县、岩手县、宫城县的三陆海岸采收。

北海道沿岸，在寒流（亲潮）流经的太平洋一带多见长昆布、日高昆布；知床半岛的根室一带多见罗臼昆布；对马暖流（通过对马海峡进入日本海的暖流）流经的日本海沿岸和鄂霍次克海沿岸多见细目昆布、利尻昆布；对马暖流汇入津轻暖流后，在和亲潮交汇的渡岛半岛东部海岸到喷火弯、室兰地球岬附近多见真昆布。

昆布的生长和分布除了与洋流（水温）有关，还与岩盘种类——不仅有大海里的岩石，还有分布于海滩上的海滩岩等滨海沉积岩有关。沙滩还是石滩，海里还是海滩，这些昆布的『培养基』含多少养分受各种环境因素，比如区域气候干湿交替、海水蒸发、高低潮转换、大气淡水淋溶等的影响。

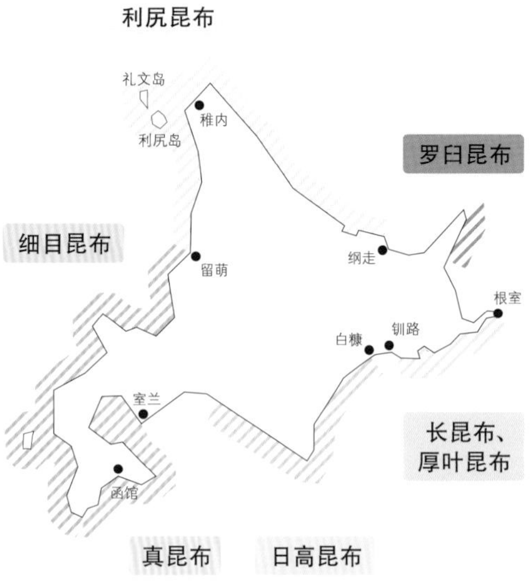

◎真昆布

又名『山出昆布』，这个别名可能出自『要翻山越岭才能将它运达位于函馆的集散地』这层意思。真昆布制出的高汤色泽清亮淡雅，味道鲜甜，尤其受到大阪民众的喜爱。

从北海道南部（以下简称道南）的渡岛白神岬经过函馆、惠山到喷火湾一带，还有本州岛青森县的下北半岛、岩手县和宫城县沿岸，都盛产真昆布。

哪怕是相同种类的真昆布，生长孕育的环境不同，品质、口感也会有差异。道南以汐首岬为界，由于受到洋流等条件影响，汐首岬东、西海岸所出产的昆布就具备不同的特性。

渡岛半岛的砂原到惠山岬一带称为『白口滨』，从惠山岬到汐首岬一带称为『黑口滨』，从汐首岬再到函馆一带称为『本场折滨』，因出产优质昆布，它们渐渐成为广为人知的『道南三大品牌』。此外还有『真折滨』和『不知名产地折滨』等品牌。

*白口滨和黑口滨出产的昆布是元揃昆布（参照第180页），分别被称为白口元揃昆布和黑口元揃昆布。『白口』『黑口』是以切开昆布时的切口（截面）颜色来区分的。手感厚实，切开后看起来是白色的叫『白口』；切开后看上去是黑色的叫『黑口』。而出产这些昆布的海滨也分别被称为『白口滨』『黑口滨』，后来逐渐演变成品牌名称。

◎利尻昆布

从北海道最北端的利尻岛、礼文岛，到留萌北部、稚内的野寒布岬、宗谷岬，直至鄂霍次克海沿岸的纲走一带，都盛产利尻昆布。

在利尻岛、礼文岛采收的昆布被称为『岛物』，这两处区域之外采收的昆布则被称为『地方』。品质上来说，当然是『岛物』更上乘，也是被市场充分认可的高级商品。

礼文岛的『香深海岸』『船泊海岸』，利尻岛的『仙法志海岸』『沓形海岸』，都是非常具有代表性的昆布出产水域。这些区域中，『香深』产的利尻昆布尤为著名。

植物学上利尻昆布属于真昆布的变种，形状上比真昆布更加细长，叶片部位较窄，颜色呈黑褐色，手感较硬。干燥存储的话直接呈现收缩状。利尻昆布叶片通透，可以萃取出十分清雅的清澈高汤，深受京都民众喜爱。

◎窖藏昆布

昆布经过干燥之后，在一定条件下再进一步长期储存的过程称为熟成，又名窖藏。这项作业被福井县敦贺等地的昆布批发商们应用至今。

起初，由于大雪封路交通不畅，昆布无法及时送达，无奈之下只能在化雪通路之前将昆布放于鲱鱼仓库里保管。结果却偶然发现，这样的仓库存储方式给昆布带来了出其不意的效果，于是就有了窖藏的传统习惯。

随着交通越来越便利，窖藏的昆布渐渐淡出视野。但是敦贺地区的『奥井海生堂』至今仍在沿用这一方法，将昆布储存在外形类似泥灰墙仓库的专用库房中，用秸秆编织的凉席挡风遮阳，全年温度控制在20~22 ℃，湿度控制在60%上下，如此条件下，耗费一年或两年甚至三年的时间来让昆布熟成。

但能够长期窖藏熟成的昆布，仅限于海滨天然采收且还得是自然日晒风干的昆布。礼文岛香深海岸出产的利尻昆布，已被证明能达到绝佳的熟成窖藏状态。

◎罗臼昆布

罗臼昆布相对正式的名字是『利尻昆布的长柄系列昆布』，只生长在知床半岛的根室沿岸。叶片宽20~30 cm，长1.5~3 m。由于可采摘的海域有限，属于较为稀有的昆布品种。

让夜晚的露水润湿经过自然风干日晒后的罗臼昆布，把含水汽的昆布卷好，再拉伸，卷回，再拉伸，然后再度风干日晒。这一干燥过程相比其他昆布，更为烦琐，费时费力。

旺季前半季采摘的称为『走采』，后半季采摘的称为『后采』。除此以外，表面呈黑色的叫『黑口』，呈红褐色的叫『白口』，品相更好的黑口会比白口价格更高。

用这种昆布萃取出的高汤色泽偏黄，汤汁浓郁清香。

其他昆布

◎日高昆布

正式的名称是三石昆布。日高郡的新日高町（旧称三石郡三石町）是日高昆布的主产区。生长区域从十胜沿岸到白糠一带海域，道南也有生产基地。日高昆布长2~7 m，宽6~15 cm，边缘无褶皱，颜色深绿偏黑褐色。肉质柔软，容易出汤。所以日高昆布不仅用于萃取高汤，也常用作炖菜料理的食材，海带卷或是佃煮类菜品都少不了它的身影。

相比其他昆布，日高昆布出汤海腥味偏重，汤色容易浑浊，甘甜味道也不明显，常用到关东偏北地区的料理中。

◎长昆布

三石昆布的变种之一。分布于北海道钏路以北，遍及国后岛、色丹岛、择捉岛等海域。在日本沿海产的昆布品种里属于体形最长的昆布，可长达20 m，宽6~18 cm。边缘光滑无褶皱，寿命据说可达3年。

长昆布不太适合用来制作高汤，但因其容易煮熟煮烂的特质，很适合做关东煮、炖菜、海带卷这类料理。居家烹制相对也很容易。作为家庭料理用的食材，长昆布也被冠以『易熟昆布』『蔬菜昆布』等名称在市面上销售。

◎笼目昆布

主要产自函馆、室兰海域。和真昆布几乎在同一产区，叶子表面凹凸不平，看起来像笼目（竹篮、竹笼子的网眼），由此得名。笼目昆布黏性较强，胶质状的黏滑成分源自水溶性的多糖食物纤维『褐藻糖胶』（也称褐藻多糖、岩藻多糖）。近年来被当作健康食品，越来越受到食品界的关注。也是制作松前渍不可缺少的食材。

＊松前渍：因发源于北海道的松前郡（现为松前町）而得名的家常腌菜料理，将干乌贼、昆布等切成细丝，加入干青鱼子，以酱油和清酒腌渍而成。

◎厚叶昆布

也被称为gaggara昆布。和长昆布生长于同一海域，叶片厚实，边缘几乎没有褶皱，常用于炖菜料理，也作为腌渍昆布、醋昆布、昆布卷的材料。

◎细目昆布

分布于北海道的日本海一侧，以及利尻岛、礼文岛直至渡岛半岛的福岛町一带海域。自古以来细目昆布就被人采摘食用，现在的产量不多，因为属于一年生的昆布品种，常在当年的夏季采收。叶片细窄色黑，切开后截面呈现白色。黏性极强，常作为山药昆布、纳豆昆布的材料。

昆布的一生

被当作食材采收的昆布，多为两年生昆布（也有寿命达3~4年的昆布）。和蕨类、菌菇类一样，昆布也是借助于『孢子』经无性繁殖而成。昆布的孢子附有鞭毛，可在海水里四处游走，被称为『游走子』（无性生殖细胞的其中一种繁殖体）。

释放出来的游走子一旦找到合适的生长环境（岩石等）便会沉降到底部着床，萌发后形成配子体。配子体既有雄性，也有雌性，成熟后形成精子和卵子，受精卵发芽成为幼孢子体（昆布初期的状态）。幼孢子体在初春迅速成长，到了夏季就长成大片大片的昆布（孢子体），入秋后孢子体成熟，游走子从孢子囊中释放出来。到了冬天，昆布进入休眠期，叶片部分一半以上枯萎。待到第二年春季，叶片下部的生长点开始重生，在第一年基础上，比第一年还更茁壮地成长。到了秋季，游走子继续从孢子囊中释放，全部释放完成后孢子体彻底枯竭，昆布结束其生命周期。

昆布的组成和生长

昆布靠下部位叫『根』，根部往上连接的细长部位叫『茎』，茎往上就是『叶』。昆布就由这三个部分组成。昆布的根和陆地植物的根稍有不同，昆布的根几乎没有吸收养分的作用，只是一个用来贴合岩石等生长环境、固定住昆布整体的部位。我们平时用来炖煮高汤或食用的部位是昆布的『叶』，昆布在海水中也是靠『叶』进行光合作用，同时吸取各路养分的。

昆布和陆地植物还有不同，其生长点（为了生长不断进行细胞分裂并增生细胞的无性繁殖场所）位于叶的下方，由叶片的顶端部分源源不断地输送传递营养到下方的生长点，以促进细胞生长。所以昆布的叶片顶端最早枯萎朽迈，而越靠近根部的叶片底端越为鲜嫩。

天然昆布从采收到发货

采收的几乎都是第二年长大的天然昆布。第一年的昆布叫『水昆布』，由于叶片太薄不出汤，故不会采收。

昆布从采收到出货大致流程如下：

①渔民一大早就潜入海底开始昆布采收作业（考虑采收后的日晒风干环节，会择晴好天气出海）。

②将采收回来的昆布在铺满了小碎石的晾晒场依次平铺摊开，用海水冲洗后开始自然日晒风干。

③傍晚收入仓库，要不断重复日晒风干的过程，直到达成合格的干燥状态。

④按照一定尺寸切断昆布，摊开昆布过夜，露水润湿昆布后将其拉伸，再次干燥后放入专用仓库存储（这个环节名为『庵蒸』）。这时昆布会渐渐变成黑褐色，同时腥臭味也会慢慢减少。

⑤修正昆布边缘的形状，按固定的规格筛选，按等级品类捆扎装箱，最后质检合格品方可出仓发货。

*昆布的干燥除了采用日晒风干的天然方式之外，也可采用机械工业化干燥作业。哪怕是同一产区的昆布，也会因气候等干扰因素，同时采用自然日晒风干和机械工业化干燥两种方式。

昆布的养殖

人工养殖的几乎全是真昆布、利尻昆布、罗臼昆布这类在产地和品种上都具有很高商业价值的昆布。尤其是渡岛区域（真昆布）的人工养殖占比很大。

说到养殖工程，首先采收已成熟的天然昆布，在陆地的养殖基地培育昆布幼苗、生产，再放入海水里开始正式养殖。因为是倒挂着在海水中生长，不同于天然昆布，人工养殖的昆布会朝着海底的方向四处伸开。人工养殖的昆布和天然昆布一样需要2年左右的生长周期，时间足够才能采收。当然也有加速培育出昆布幼苗的情况，加速人工养殖的昆布不满一年即可采收。

昆布的规格和等级

即使是相同种类的昆布，也会因各种因素和条件的不同被划分为三六九等，价格也有较大差异。昆布的定价大多取决于采收的海域、等级、是天然还是人工养殖等。

例如，采收昆布的海域，拿真昆布来说，从高价到低价依次排序是白口滨→黑口滨→本场折滨→真折滨→不知名产地折滨。利尻昆布的产地从高到低排序则是礼文岛→利尻岛→稚内。日高昆布的产地自高到低排序是特上滨→上滨→中滨→并滨。因为昆布生长的水域（海岸）会让昆布呈现出质量和品相上的差异，虽然每年这个排序多少会有些许变化调整，但不同的水域自有其定价区间和标准，这就叫作滨价差（不同海滨采收的昆布的等级价差）。

昆布的等级具体由『北海道水产品检查协会』来制定。昆布的长、宽、重量、厚度、颜色、外观、瑕疵程度、表面有无白粉等作为鉴定条件，从一等到六等共6个等级。叶片较宽较厚的大多是等级较高的昆布。加工方会将干燥好的昆布按一定的规格切成相应长度后捆扎装好。最后，天然采收的昆布自然会比人工养殖的要贵。

【行业术语】

元揃昆布：对齐根部捆扎好的昆布。以前都按照原始长度捆扎昆布，现在罗臼昆布大多按75 cm长度折后捆扎，真昆布按90 cm长度折后捆扎。

长切昆布：统一按75~105 cm的长度剪切后捆扎的昆布。

棒昆布：剪切成20~60 cm的长度再捆扎的昆布。

折昆布：无须剪切，直接折成27~75 cm的长度捆扎的昆布。

鲣鱼干

主要生产地

鲣鱼干的原料是鲣鱼。现在使用的鲣鱼主要是在太平洋靠近赤道的海域捕获的，当场新鲜冷冻后运回。（偶尔也会选用在近海捕获的鲣鱼。）鲣鱼倒不会因为捕获海域的不同有很大的差异，但是捕鱼的时间、捕鱼的方法会造成品质和价格的差异。例如捕鱼方法上有传统的渔网捕捞和『一本钓』（传统的日式钓鱼技法，渔夫用一根钓竿、一个鱼钩一次只钓起一条鱼）两种方式。据说靠『一本钓』捕获的鲣鱼一只只冷冻，肌苷酸含量更高，而乳酸（酸味的来源）含量更低。

鲣鱼干的制作方法大同小异，关键在加工方如何切、如何煮以及如何烟熏的细节。所谓细微之处见真章，细节上下了功夫得到的鲣鱼干风味更具特色。

鲣鱼干的产地集中于鹿儿岛县的枕崎市、指宿市，还有静冈县的烧津市。这三个地方直接出产了占全日本产量98%的鲣鱼干。三个城市都有各自专属的渔港，从捕鱼渔船卸货到生产加工成鲣鱼干，已经形成了一整套专业、成熟的操作流程。

枕崎市：鲣鱼干产量居日本第一。城区内有近40家专门的鲣鱼干生产加工厂，制造鲣鱼干的历史长达300多年。

指宿市：鲣鱼干产量居日本第二。城区内有28家专门的鲣鱼干生产加工厂，具备制作『本枯节』的超高技术，能制作出品质极高的本枯节。

*以前渔获抵达山川港后卸货装箱，运到指定的指宿市山川加工厂生产制作，山川鲣鱼干因此得名。

烧津市：冷冻的鲣鱼卸货量居日本第一，鲣鱼干产量日本第三。有15家专门的鲣鱼干生产加工厂，各具特色。

在成为鲣鱼干之前

根据制作工艺，鲣鱼干分为『荒节』『枯节』两种。工艺的不同之处在于有没有进行霉菌附着的操作环节。『枯节』经历了霉菌附着发酵的环节（上菌）再熟成，这样得到的鲣鱼干更具风味。

◎荒节

生切：将解冻后的鲣鱼三枚切，若是3 kg以内的鲣鱼则可以不用切直接加工。一般的鲣鱼干（本节）都是用3 kg以上的鲣鱼加工而成的。再依照鱼背上发黑部分各切分成2块，靠近鱼背部分称为『雄节（背节）』，靠近鱼肚部分称为『雌节（腹节）』。3 kg以内的小鲣鱼制成的鲣鱼干，外形像乌龟，又得名『龟节』。3 kg以内的鲣鱼可以做出2根鲣鱼干，3 kg以上的可以做成4根鲣鱼干。

↓

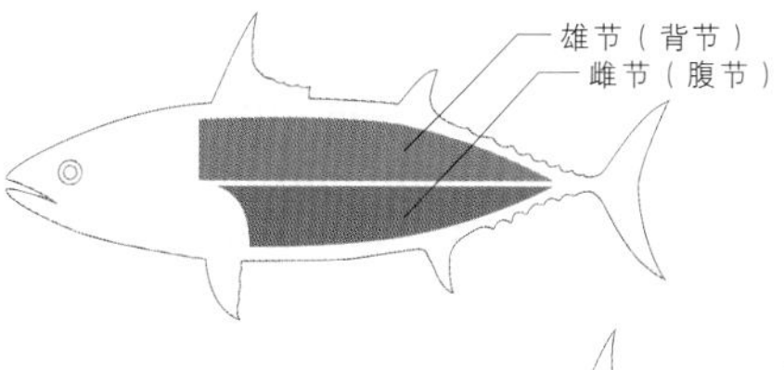

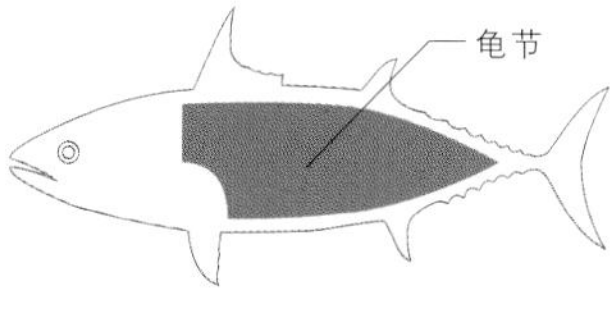

笼立：切好的鲣鱼块，摆好铺在竹笼里。

↓

煮熟：『笼立』堆叠好放入90 ℃的热水里煮1.5~2.5小时（时间根据鲣鱼的大小微调），直到鲣鱼的细胞结构产生热变性而停止代谢。

↓

去骨：静置冷却后剥去部分鱼皮，清理过后取出鱼骨，进行到这一步的鲣鱼块称为『生节』，再次将生节放回竹笼摆好。

↓

一番火烘干：烘干生节的烟熏环节，第一次烘干的过程称为『一番火』或『去水烘干』。以90 ℃的温度烘烤1小时左右。这番操作能杀死鱼肉表面的杂菌。

↓

修缮：将鲣鱼糊（煮熟后的鲣鱼肉和生鱼肉的混合物）涂抹在凹凸不平的有损伤的鱼肉上进行修复（也是为了防止后续操作中产生裂痕）。

↓

烘干与庵蒸：真正的烘干环节。烘干方式各有不同，大概都是白天熏烤5~8小时，夜间休息8~12小时（庵蒸），如此重复10~15天。

不会一上来就完全烘干，而是不断重复烘干与庵蒸的过程，渐渐除去内部的水分，让表面呈现好像染上黑色焦油的状态。长时间的熏制不仅会让鱼干附着独特的香味，还有防止脂肪氧化、防腐等功效。

*进行到这一步的鲣鱼干称为『荒节』，使用前削掉表面焦黑的部分。市面上出售的鲣鱼干多为『荒节』。

◎枯节

荒节

↓

削掉表面：荒节表面焦黑的部分用研磨刀削掉，修正好外形后称为『裸节』。这时候呈现出十分美丽的红褐色鱼肉。

↓

晒干：用几天时间，将裸节自然晒干。

↓

上菌：将裸节存放在专用仓库，天然发酵，让霉菌附着，之后在自然晾晒的时候用刷子刷掉霉菌，大约2周之后，裸节表面会再次发霉，再次用刷子刷掉霉菌。反复附着两次霉菌的称为『枯节』，反复上菌3次以上、发酵更为充分的称为『本枯节』。

*发霉：附着在鱼肉上生长的霉菌，会吸收残留的水分（相当于脱去鱼肉表面的水分）。通过微生物发酵、熟成的鲣鱼干更有风味。同时因为发霉致使表面的脂肪层（容易造成汤色浑浊的成分）分解，自然也就能制出更加清澈透亮的高汤了。

【是否去除鱼背上发黑的部位（含血肉）】

鲣鱼背上发黑的部位聚集了很多血管，也是散发最重腥臭味的部位。制作鲣鱼干时，有时会留下这部分，有时会完全切除。用含发黑部位的鲣鱼干做出的高汤味道更浓郁，用去除了这个部位的鱼干做出的高汤则更清澈、纯粹，不带杂味、腥臭味。可根据具体料理制作的需求来区分使用。

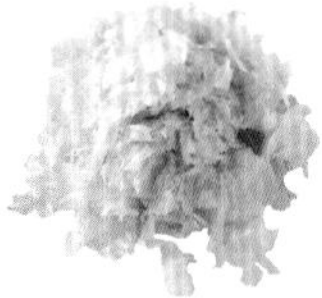

【鱼干刨削的方法与高汤制作】

鲣鱼干需要刨削成木鱼花来制作高汤。不同的刨削方法会让高汤呈现出不同的风味，大多数日本餐厅用的都是薄削的办法，关东地区的荞麦面馆、乌冬面馆则采用厚削的办法来煮出味道更加醇厚的高汤。

因刨削出的木鱼花香气容易挥发消散，所以用于制作椀物料理的高汤在萃取时，最好是最后一个环节才放入木鱼花，这样能让香味最大可能地保留到食客享用时。

其他鱼干

鱼干并不只有鲣鱼干这一种。金枪鱼、青花鱼、沙丁鱼等都可以采用一样的方法来制成鱼干。非鲣鱼制成的鱼干，统称为『杂节』，它们也是日式料理中不可或缺的萃取高汤的食材。

◎金枪鱼干

选用金枪鱼中脂肪含量较低的黄鳍金枪鱼小鱼（1.5~3 kg）制成。关东地区称作『mejibushi』，关西地区称作『shibibushi』。很少做成枯节，主要是荒节。炖煮出来的高汤汤色较浅，味道不会过于浓烈而是稍显清雅。金枪鱼干不仅味美，色泽也呈素雅的乳白色，有些人甚至直接将其刨成丝用于料理的烹制。

◎宗田鱼干

宗太鲣（也称宗田鲣）制作的鱼干称为『宗田鱼干』。因这种鱼的眼睛和嘴巴离得很近，有些地方称它为目近（mejika），用其刨出的鱼干片又称为目近鱼干片（mejikabushi）。位于日本高知县的土佐清水地区是最大的宗田鱼干产区。用它炖煮出来的高汤味道浓郁，汤色较深。常与鲣鱼干或者青花鱼干一起搭配制汤，作为荞麦面和乌冬面的汤头使用。

◎青花鱼干

主要选用的是花腹青花鱼（花腹鲭）。相较于白腹青花鱼，花腹青花鱼脂肪含量更低，更适合做鱼干。炖煮出的高汤味道浓郁，几乎没有杂味。因为香气较弱，常与鲣鱼干或者宗田鱼干一起搭配制汤，作为荞麦面和乌冬面的汤头使用。

关西以西的乌冬面馆会用远东拟沙丁鱼、日本鳀、沙丁脂眼鲱等制成的沙丁鱼干。中部地区则经常使用竹筴鱼干。此外，还有被广泛用于拉面店而受到关注的秋刀鱼干。

煮鱼干、烤鱼干

『煮鱼干』顾名思义，是将鱼煮熟后经干燥脱水而制成的鱼干，原料包含日本鳀、远东拟沙丁鱼、沙丁脂眼鲱、竹筴鱼、圆鲹、血鲷、飞鱼、青花鱼、秋刀鱼等多种鱼。但通常所说的『煮鱼干』用的是日本鳀。『烤鱼干』则是以炙烤的方式替代煮熟，再经干燥脱水而制成的。经过炙烤的鱼肉会更加浓香，鲜味也明显。

日本鳀的煮鱼干分为两种：白口煮鱼干和青口煮鱼干。捕获于濑户内海和长崎部分海域（千叶县的九十九里海域只短期可捕）的日本鳀，鱼背颜色偏浅，称为白口，制成的鱼干叫白口煮鱼干。青口煮鱼干的鱼多捕获于日本海及关东一带的外海海域，鱼背颜色较深，称为青口。

日本西部普遍将日本鳀制成的鱼干称作『小鱼干』。著名的香川县赞岐乌冬面里加入的就是用这种小鱼干萃取的高汤。

从小鱼干外形来说，细瘦、完整、均匀的品相更好。用不新鲜的鱼制出的小鱼干，鱼肚部位会有破损。细瘦完整的煮鱼干，反倒很少出现因脂肪氧化而引发的品质问题。

为了制成鲜味浓郁的煮鱼干，有很重要的一环，那就是尽可能缩短从捕捞到煮好鱼干的周期。香川县的伊吹半岛是广为人知的日本鳀渔场，渔场和鱼干加工厂距离相当近，也因此成为上等小鱼干的生产地。

◎小鱼干（香川县产）

选用濑户内海燧滩捕获的日本鳀制成。根据日本鳀从小到大的成长阶段，分别有白子（小银鱼）、仔鱼、小羽、中羽、大羽等细称。从仔鱼到大羽做成的鱼干都可以视为小鱼干。萃取高汤主要使用小羽到大羽，以小羽萃取的清淡爽口，从中羽到大羽萃取的味道逐渐浓厚。

◎烤飞鱼干

主要取材于九州和靠近日本海一带的飞鱼。长崎的平户作为著名的飞鱼产地，烤飞鱼干的制作也相当盛行。相比于煮鱼干，烤飞鱼干出汤更加浓郁，风味也很独特。

参考文献：

《高汤基础知识和日本料理》柴田书店编（柴田书店）

《昆布与日本人》奥井隆（日本经济新闻出版社）

《高汤的秘密》伏木亨（《朝日新闻》出版社）

高汤科学

关于如何制作一番出汁

川崎宽也

昆布和鱼干的种类不同，所含的影响鲜味的成分及比重也各异；此外加热时长和温度也会影响萃取出的高汤的鲜味和香气。因此制作一番出汁，需要考量的条件和因素多且复杂。但换个角度说，如果已知更换调整食材会带来哪些风味及鲜度的变化，则可在一定程度上通过预判来尝试做高汤。

本节将结合书中5家店铺制作的一番出汁，比较和解析各种条件因素，使读者更加深入地去理解一番出汁的制作。

说到一番出汁的食材和做法的话，可以列出下列需要考虑的因素：

1　昆布的种类
2　鱼干的种类(鲣鱼干、金枪鱼干)
3　昆布、鱼干、水各自的用量和配比
4　炖煮时间和温度的把控(昆布和鱼干)

将上述各项逐个说明后，我们再来讨论它们是如何相辅相成的。

1　昆布的种类

罗臼昆布中含有更多的产生鲜味的谷氨酸，然后是真昆布，谷氨酸含量最少的是利尻昆布。日式料理店常用的是存放了一定时间的成熟昆布。

制作成熟的昆布，在一定湿度条件的仓库里储存能让其变得更加美味。最新的研究表明，储存过程中昆布的谷氨酸含量并不会增加，之所以变得更加美味，是因为脂质氧化物的挥发和美拉德反应。这里的脂质氧化物的挥发是在昆布的干燥过程，也就是大家常常闻到的昆布散发出的味道。美拉德反应是指氨基酸和糖类发生了作用，它会导致食物呈现茶褐色的光泽，也使味道更加醇厚有层次感。用成熟昆布做出来的高汤呈茶褐色，便是发生了美拉德反应后生成的物质所致。这个物质成分并非特定的某一种，而是发生了复杂化学反应后生成物质的总称。

2　鱼干的种类

制作高汤是用鲣鱼干还是金枪鱼干，地方不同选材各异。与其说是依照各地的习惯，不如说还是应该根据想要的高汤选取与之匹配的食材。有数据表明，金枪鱼干含有更多的能带出食物鲜味的肌苷酸，但肌苷酸含量并非越高就越好，香气的性质有时会发生变异，所以需要全面综合予以考量。

经过熏蒸、上菌发酵（发霉）等流程制成的『本枯节』，多用于高汤的制作。本枯节因熏蒸沾染的烟熏气，赋予高汤独特的香味，这也在很大程度上解释了日本的『一番出汁』缘何成为世界范围内的独到、稀有美味。然后是发霉，霉菌附着后能脱去鲣鱼表面的水分，使其变干产生脂质氧化物，从而散发更好的香味。除此之外，熏蒸时发生美拉德反应生成的物质也会附着于表面，使鲣鱼干散发出更有层次感的混合香味。

3 昆布、鱼干、水各自的用量和配比

昆布、鱼干的用量如果比水多的话，炖煮出的高汤富含更多的鲜味成分，喝起来更鲜美。如上文所说，不同种类的昆布和鱼干，谷氨酸和肌苷酸含量也各异。若以等量的利尻昆布和罗臼昆布分别来做高汤，各自萃取的汤中所含的鲜味成分不会相同。当然，鲜味的浓淡也不是仅凭昆布或鱼干的用量就能量化出来的。

此外，研究表明鲜味还有相辅相成的叠加作用。谷氨酸和肌苷酸处于相同浓度的时候，能让鲜味更加浓厚（富含谷氨酸的食物 + 富含肌苷酸的食物 = 数倍甚至数十倍的鲜味，这个效果又被称作鲜味的相乘效果）。即使昆布和鱼干的分量相同，谷氨酸和肌苷酸的含量也不可能相等，这样就有必要从各种高汤所含的谷氨酸和肌苷酸的浓度来深入研究探讨了。

表1：主选昆布的谷氨酸含量和主选鱼干片的肌苷酸含量对照表

昆布的谷氨酸含量

真昆布 一等（2002年产）	3049 mg/100 g
罗臼昆布 二等（2002年产）	3384 mg/100 g
利尻昆布 一等（2002年产）	1494 mg/100 g

鱼干片的肌苷酸含量

鲣鱼干	474 mg/100 g
金枪鱼干	967 mg/100 g

＊数据摘录于鲜味信息中心（https://www.umamiinfo.jp/）的“鲜味资料库”。

另外还有一点，并不是说追求谷氨酸和肌苷酸的含量相同就完事了。当萃取的高汤含更多的谷氨酸，汤头的鲜香风味会更持久绵长；当谷氨酸和肌苷酸的浓度接近1：1的时候，虽会发生鲜味的相乘作用，但如果谷氨酸和肌苷酸的含量都不高的话，整个鲜味的持久性就不强（参照第193页图6），意味着随着汤汁入口，鲜味很快就消散了。如果需要鲜美但余味清爽不腻的高汤，不妨活用这一点。

4 炖煮时间和温度的把控

在高汤的萃取方式上还有个需要考虑的重点，那就是食材的味道成分和香气成分是不是水溶性的。基本上谷氨酸和肌苷酸都是溶于水的，因此即便用冷泡法萃取昆布高汤也行得通。鲜味来源的谷氨酸的确能溶于水，顺利出汤不在话下。当然若是加热升温的条件，谷氨酸和肌苷酸更易溶于水中，也就让这些鲜味成分更快、更充分地被萃取出来。

但同时，不溶于水的香气成分占比更大，不过鲣鱼干的香气成分由美拉德反应和熏制生成，大多还是溶于水的。所以说高汤的主要食材不仅本身含有鲜味成分，更能通过炖煮，香气四溢。当然香气成分也会随着温度升高逐渐消散。不同的香气成分，导致其挥发消散的温度也是不一样的，其中有温度越高挥发越快的。这里就要视需要来调整对策，是出汤后马上端给客人享用还是用密封的方式来暂时留存香气。

使用利尻昆布时，可通过提升温度，将其所含谷氨酸连同香味成分都充分地萃取出来。罗臼昆布和真昆布富含谷氨酸，无须过度炖煮，只要稍微简单加热，就能在调整香气的同时萃取出谷氨酸。再说鱼干，因为会把木鱼花用到一番出汁里，基本上肌苷酸马上就能溶解出来，为了让香气也能彻底释放，最好是等木鱼花沉入汤底后再过滤高汤。

第189页的图表(图1)表示各家店使用昆布和鱼干烹制的高汤中谷氨酸和肌苷酸的含量。但这里的数据并非析自高汤本身，而是由制汤食材的用量计算得出，实际上还参考了加热条件影响和改变萃取成分的数据，具体是以昆布高汤的加热温度×加热时长算出烹制热量，并用颜色深浅不一的圆点来表示。

如前文所述，当谷氨酸和肌苷酸维持相同浓度时，产生鲜味相乘效果，高汤的鲜味更浓烈。『木山』的一番出汁中，谷氨酸和肌苷酸的含量一样，浓度维持得很均衡。昆布高汤的热量又很高（加热温度高，炖煮时间长），能充分彻底地萃取出谷氨酸。这样的条件下计算得出的『木山』的一番出汁鲜味强度值（参考第189页图3）也很高。比起味道浓郁的昆布高汤，也许『木山』的一番出汁余味更清爽不腻吧。

『手岛Tenoshima』的高汤显示谷氨酸和肌苷酸的含量都偏低，但鲜味强度值却还好，这是因为二者含量虽偏低却相对均等，所以产生了鲜味的相乘效果，鲜味更多倍地释放出来。

『虎白』和『日本料理 翠』的鲜味强度值虽然不相上下，但『虎白』的一番出汁得益于相乘效果，鲜味更加明显。『日本料理 翠』的高汤则灵活运用了谷氨酸的鲜味源和昆布高汤的香气源，为一番出汁增加了更加绵长的余味。

『Ubuka』的一番出汁中谷氨酸和肌苷酸含量都很高，烹制的温度也足够高，可以萃取出相当多的谷氨酸。所以综合来看，『Ubuka』的一番出汁估计是5家店里口感最浓郁、鲜香最强烈、余味最悠长的。

那么如果针对自家餐厅制定一番出汁的标准，就可以从下面这些角度来考虑了：昆布所含谷氨酸，鲣鱼干或金枪鱼干所含肌苷酸，香气成分，加热温度等。如果想要鲜味更强烈，余味又清爽不腻，可利用鲜味的相乘效果，增加富含肌苷酸的金枪鱼干。如果想要鲜味绵长悠远，就可以适当增加昆布的用量，或者选用罗臼昆布、真昆布来试试看。

高汤的美味是由包括鲜味在内的味道成分和香气成分构成的，这些成分如何从食材里转移到汤汁里，便是我们常说的『制汤』。如何选用原材料，又使用怎样的萃取方式来制汤，说到底还是要看大厨最终想呈现什么样的料理，然后按照这个目标来反推并抉择。因此，与其说是考虑『正确的制汤方式』，不如说是理解高汤的制作方式和味道、风味之间的关系，再想清楚自己追求的又是怎样的高汤，在这个前提下来决定制作方式，这才是最重要的。

表2：生成图表所用到的数据

餐厅名	昆布（g/L水）	鲣鱼干或金枪鱼干（g/L水）	昆布高汤炖煮条件	热量值	昆布种类	鱼干种类	谷氨酸（mg/L汤）	肌苷酸（mg/L汤）	鲜味强度值
虎白	10.0	20.0	60 ℃×40分	2400	真昆布	鲣鱼干	304.9	94.8	377
木山	18.0	53.3	85 ℃×75分+30分	8925	利尻昆布	鲣鱼干荒节+鲣鱼干本枯节+金枪鱼干	268.9	252.8	843
日本料理 翠	20.0	10.0	40 ℃×60分+80 ℃×30分	4800	真昆布	鲣鱼干本枯节	609.8	47.4	408
Ubuka	25.0	25.0	60 ℃×120分	7200	罗臼昆布	金枪鱼干	846.0	241.7	2538
手岛 Tenoshima	15.0	15.0	65 ℃×90分	5850	利尻昆布	鲣鱼干本枯节	224.1	71.1	214

* 食材用量会有偏差，以最小值计量。
* 昆布高汤的加热时长会有偏差，按最长时间记入。
* 热量值是加热温度 × 加热时长（分）。“木山”在关火后的 30 分钟设定维持在 85 ℃左右的温度。“手岛 Tenoshima”用冷泡萃取法制汤的部分不含热量。
* 这里的谷氨酸和肌苷酸都是假设昆布所含的谷氨酸和鱼干所含的肌苷酸 100% 萃取出的数值，以第 187 页表 1 的数据为依据，套用各店的昆布和鱼干用量计算得来。没有将烹饪过程的热量考虑进去。“木山”只计算了鲣鱼干的用量。
* 鲜味强度值是按照计算公式算出的鲜味强度（小数点后面四舍五入）。

图1：从选用食材计算出1 L高汤所含的谷氨酸、肌苷酸和烹制热量之间的关系（并非高汤中实际的谷氨酸和肌苷酸含量）

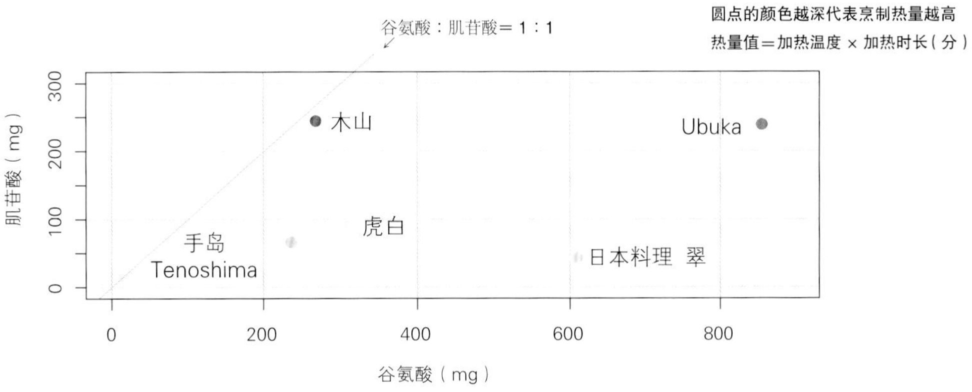

图3：鲜味强度值（从选用食材的谷氨酸和肌苷酸浓度计算得到的鲜味强度值）

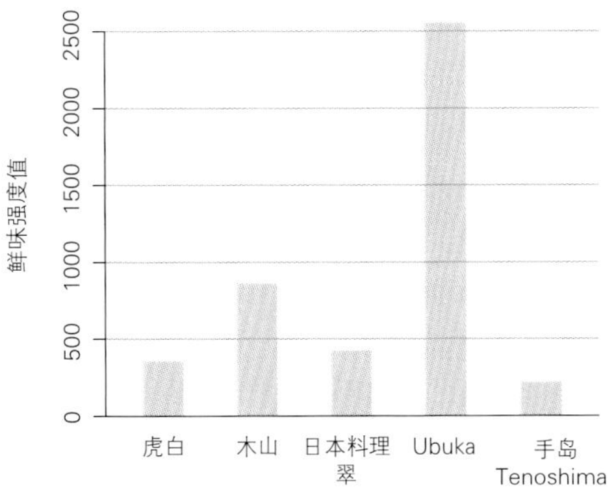

图2：昆布和鱼干的用量（g/ L水）和烹制热量之间的关系

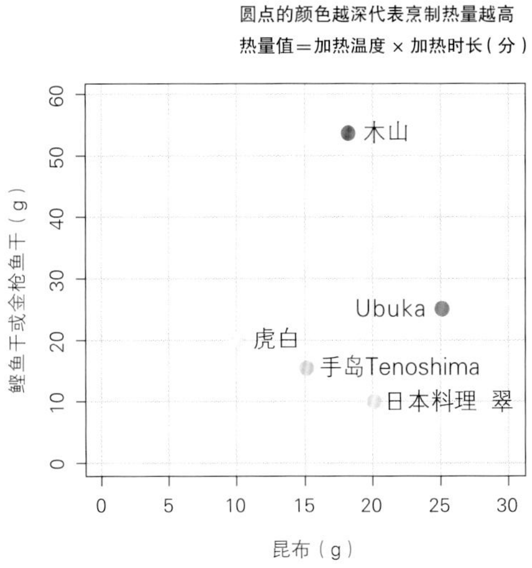

高汤的学问和烹制技法

川崎宽也

备受世界美食界瞩目的日式高汤，可谓是日式料理的精华和灵魂所在。接下来我们从各个层面多角度地来谈谈究竟『何为高汤』『为何高汤如此重要』，然后针对『如何做出高汤』以及『如何运用高汤搭配料理』等来加以说明。

思考如何烹制料理的时候，仅仅讨论烹制技法，大多停留在阐述各种技法的不同。为了理解其本质，通过理解烹制技法和因之发生变化的『风味成分和食品的构造』，同时理解『感官』的科学，才能更进一步开始自由随心的料理创作。因此，当提及『高汤』这个概念时，同样希望我们的读者能够从这些层面来思考高汤里暗藏的学问。

What 究竟何为『高汤』

『高汤』的日语汉字写法是『出汁』，有萃取的意思。但日式高汤却有举世闻名的特殊萃取方法。我们为了更好地让读者理解日式高汤，先来和其他类别的高汤做个比较吧(图4)。

法式高汤，主要使用生鲜肉品、蔬菜、草本香料等来一起炖煮；加热浓缩后萃取，整个过程发生了美拉德反应和脂质氧化反应。有时候也会用炙烤过的发生美拉德反应后的食材来做汤。

中式高汤，常见的是用一只整鸡或者猪肉来炖煮，加热浓缩后萃取，再适当放入瑶柱或腌制火腿(金华火腿)这类发酵品，瑶柱和火腿都是属于半加工类浓缩好的食材。

日式高汤所用的主要食材通常由厂商煮熟脱水干燥，浓缩鲜味成分。通过加热和熟成产生美拉德反应，制造香气成分。鲣鱼干的制作还会加入熏蒸的环节。

图4：西式料理、中式料理的高汤和日式料理的高汤的不同之处

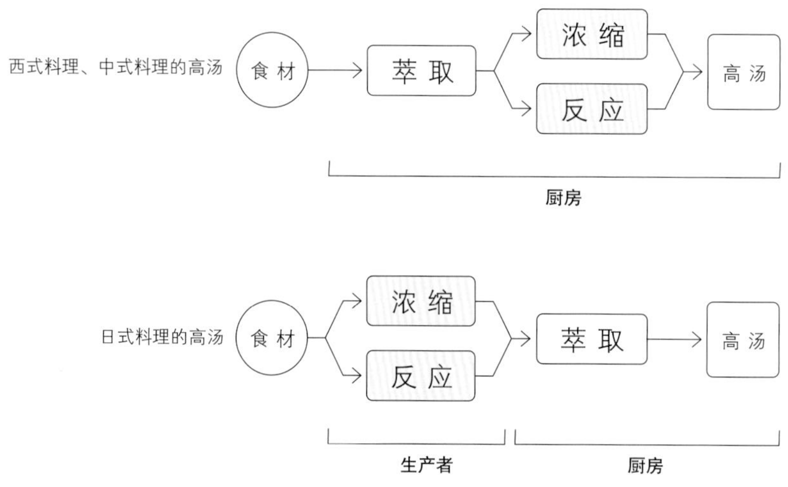

日式高汤出汁之所以就只萃取一个步骤，是因为用到的『出汤食材』在干燥的过程中就包含了『浓缩』的程序，经历了美拉德反应和脂质氧化反应这类化学反应，所以到了制汤的时候只需要萃取这一步即可。

换言之，虽然日式高汤和中式、法式高汤追求的是相似的鲜味成分和美拉德反应带来的香气，但在食材的选择和烹制方法、顺序流程上的差异还是显而易见的。

高汤的成分和构成

味道成分和香气成分

成分上来说，日式高汤一番出汁里选用的食材，昆布富含谷氨酸，鲣鱼干含肌苷酸，且具备发生了美拉德反应后的香气以及熏蒸的风味。一番出汁在制汤时就充分考虑了这些成分溶于水的特性。烟熏味也是日式高汤的特色风味，谷氨酸和肌苷酸都是鲜味的源头，尝一口汤就能让人充分地感受到其中的『鲜』。

鲜味成分多半是水溶性的，香气成分多半是脂溶性的。用昆布冷泡萃取制汤，也是充分利用了鲜味成分谷氨酸的水溶性原理。有趣的是，美拉德反应的香气成分和烟熏成分也大都是溶于水的，于是高汤富含各种鲜香、熏香的风味也就不是不可能的了。

另一大食材，鲣鱼干的重要特色是诱人的香味和烟熏味。其散发的香味源自美拉德反应和烟熏过程中沾染上的香气。肉类在炙烤过程呈现的焦黄色泽和散发的焦香，就是源自发生了美拉德反应。这一反应被广泛应用于许多食物，咖啡、巧克力、牛排、味噌的制作过程就都有美拉德反应。在制作鲣鱼干的时候，也会因加热引发美拉德反应。除此之外，经过干燥的昆布保存几年熟成后，本身的腥臭味消散，取而代之的是美拉德反应后散发的馥郁香气。

做肉汤（bouillon）的时候，基本上超过60 ℃就能让食材的肉质收缩，释放成分。鲜味和氨基酸溶于水，再以100 ℃加热炖煮4小时发生美拉德反应。一般而言温度控制在126 ℃以上才能发生反应，但以100 ℃加热4小时也可以促成同样的效果。我们常说的化学反应需要一定的温度和浓度条件才能发生，温度越高、浓度越大越容易发生。做肉汤的时候，一开始加热，生鲜食材的成分就会释放出来（溶于水），差不多1小时左右就完全充分地萃取出来了。但刚开火的时候水量过多，成分浓度还偏低，所以加热到100 ℃也不容易发生美拉德反应。后面持续加热几小时后成分浓度变高，在维持100 ℃的条件下也就能顺利发生美拉德反应了。

还有就是中西式高汤里所含的脂质氧化物和硫黄化合物，在日式高汤里不太常见。脂质氧化物来自鸡肉、鸭肉炖煮时出现的漂浮在表面的那些油脂，加热过程因接触空气发生了氧化反应。这些成分的增加会让汤头散发油脂香气，也能为食物『色香味俱全』做贡献。硫黄化合物是葱蒜里的成分，法式高汤里加入大葱、洋葱等，中式高汤里会加入小葱，本意是为了有效去除肉类的腥臊味，但经过加热发生了美拉德反应再加上硫黄化合物，能让肉香风味越发醇厚诱人。

综上所述，水、鲜味成分和美拉德反应的产物，这些在中式、西式以及日式高汤里都是相同的，不同的是中式、法式高汤中含有脂质氧化物和硫黄化合物，日式高汤则是含有烟熏成分。

我们的感官

味觉

我们的感官能力与生俱来，其中味觉用来感知营养素和抗拒有害物质。众所周知，碳水化合物、蛋白质、脂肪、维生素和矿物质都是人体不可或缺的营养素。

五种最基本的味道（酸甜苦咸鲜）中，大脑早就对必要营养素衍生出的甜、咸、鲜释放出了天生的喜好。甜味大都来自碳水化合物，咸味来自矿物质，鲜味主要来自食材所含的蛋白质。蛋白质经消化分解成氨基酸，氨基酸的存在确定无疑让味觉感知到鲜味。相对而言，酸和苦属于大多数人天生就不太喜欢的味道。发酸的东西通常被味觉鉴别为腐坏，发苦的东西大多被鉴别为有毒。

如图5所示，舌头部位的味觉感受器主要负责感知营养素，如果味觉感受器感知不到，大脑就会认为这个是不能吃的。然而由于蛋白质分子过大，不容易附着于味觉感受器，就只能以感知氨基酸替代，而氨基酸刚好是蛋白质结构中的元素。五种基本味道都能找到相应的味觉感受器，最近的研究甚至发现了舌头上的脂肪感受器。当然虽说是发现了感受器，并不代表能靠味觉感知脂肪，还有待后续的各种论证。

味觉感受器是舌头表面的味觉细胞，分别位于舌尖（菌状乳突）、舌侧（叶状乳突）、软腭和舌根（轮廓乳突）。在品尝食物时，舌头整体和上腭会有意识地把握着食物从入口到吞咽整体的味道。味觉感受器所感知到的味觉信息经由神经传输给大脑，大脑接收到之后，再通过记忆信息中心搜索和识别出『这个是什么味儿』。

图5：味觉和嗅觉信息的传输方式

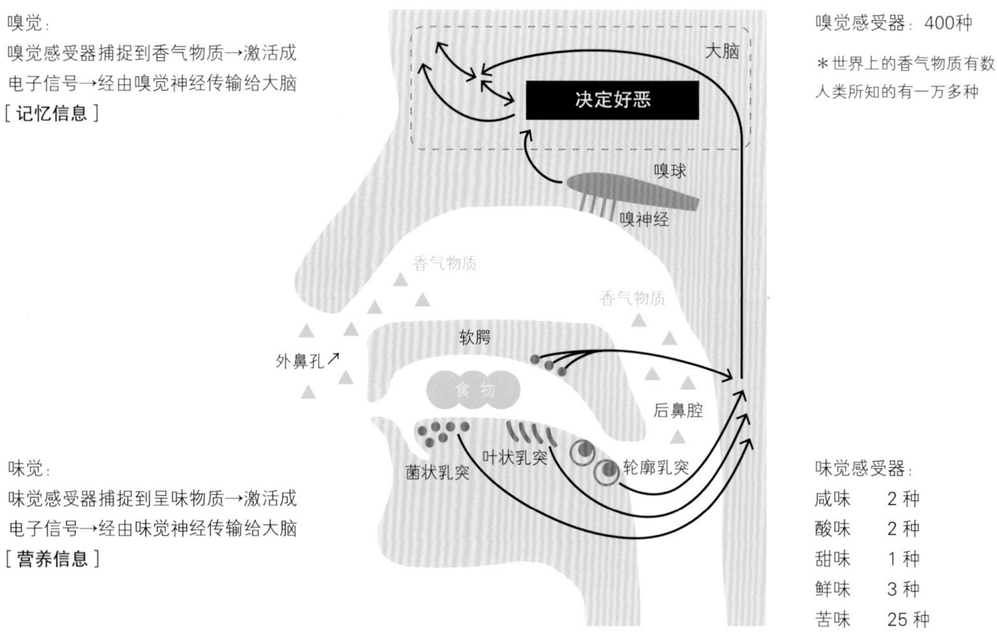

鲜味的相乘效果

鲣鱼干所含的肌苷酸是核苷酸的一种。近年来研究表明，谷氨酸能辅助和加大味觉感受器的附着力度。然而单独食用蕴含在食物中的谷氨酸所感知的鲜味相对微弱，若是跟肌苷酸一同品尝，能促使味觉感受器向大脑传递更强的鲜味信号，感受到鲜味的强烈。这就是所谓的『鲜味相乘效果』。不只有肌苷酸和谷氨酸的组合能带来鲜味相乘效果，谷氨酸和香菇中所含的鸟苷酸搭配也有相同的效果。

利用鲜味相乘效果可以让鲜味更加醇香浓厚，相比单纯靠富含谷氨酸的食材提鲜，若是再搭配含肌苷酸的食材，即便谷氨酸和肌苷酸浓度都不高，相乘效果之下也能让鲜味翻倍。实验还表明，即使是同等的鲜味强度，比起单一的谷氨酸，谷氨酸和肌苷酸组合带来的相乘效果能让口中的鲜味留存时间更短，这也就带来了人们常说的『清爽不腻的鲜味』（图6）。

在日式料理中，不腻口的清爽后味是很重要的一环。也许正是因为仅凭昆布萃取的高汤过腻，所以才会搭配鲣鱼干一起萃取出清爽的高汤吧。这样的制汤方式被广泛应用应该正是出于这个原理。

鲜味相乘效果并不是单纯靠高汤里所含的鲜味成分就能激发出来，必须嘴里同时存在谷氨酸和肌苷酸，味觉感受器同时感知到二者，才能起效。这就需要思考所制作的料理想呈现的整体效果和风味。举个例子，椀物料理选用富含肌苷酸的鳗鱼时，即使佐以以昆布为主料萃取的清汤，从鳗鱼中分解出来的肌苷酸也会渐渐融入汤汁，愈品鲜味愈浓郁。

图6：鲜味强度相同的情况下，谷氨酸+肌苷酸的组合比单一谷氨酸作用下鲜味留存时间更短

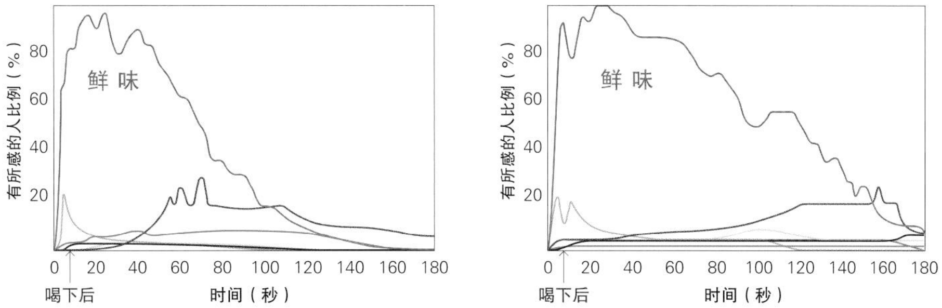

0.02%谷氨酸
+
0.01%肌苷酸

（和右图 0.34% 谷氨酸鲜味强度相等的水溶液
＊以鲜味相乘效果的预测公式算出的
结果（Yamaguchi, 1967））

0.34%谷氨酸

鲜味强度相同

＊有所感的人比例：10 个人之中 6 个人有感觉的话就是 60%。
＊其他颜色的曲线代表鲜味以外的味道，这里省略不多加说明。

Kawasaki et al. 2016

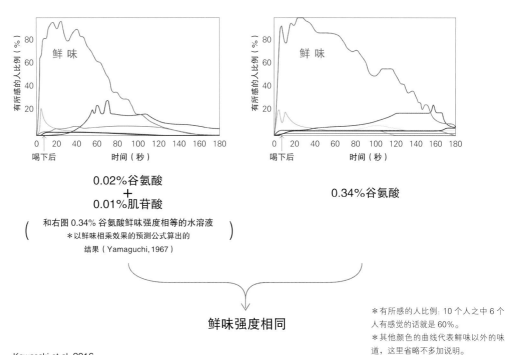

嗅觉

如前文所述，人类的味觉天生就偏好鲜甜味道。相比之下，嗅觉却是在和味觉开始产生连接后，通过学习分辨才会产生各自的喜好。嗅觉对气味的感知不是与生俱来的。连接学习在小宝宝还泡在母体的羊水里时就开始了，并且作为记忆信息存储在小宝宝的脑海里。幼时的记忆在长大成人后会因特定的气味被唤醒，气味仿佛是承载记忆的时光机。这个现象被称为『普鲁斯特效应』，也适用于我们对食物的记忆。

饮食文化究竟是基于什么来决定的呢？考虑到人们对味道的喜好是与生俱来的，对气味的喜好则是从小通过辨识学习感知积累慢慢形成的，喜欢日式料理的香气，与其说是从小就吃惯了而感觉熟悉，倒不如说是对日式料理所使用的食材香气有所偏好。

世界上有数十万种香气（气味），人类所知的有一万多种，而嗅觉感受器只有400种。在这个方面，人类味觉和嗅觉的感知能力差异还是挺大的。例如（味觉中的）咸味会附着在咸味感受器上，咸味感受器就感知咸味，但气味的400种感受器能检测、辨识一万多种气味，之所以能做到这点，是因为气味本身有范本可循。

举个例子，气味A附着的感受器不止一个而是多个，气味B也是附着在不同的感受器上，同时嗅闻气味A和B时，气味A和B会融合成一种类型，并被视为不同的气味类型存储在记忆里，因此就算感受器不多，也能感受到多种类型的气味（图7）。气味混合后会变成另一种气味，从经过结合的感受器对应的模式变化来解释就容易理解了。这也是料理中会用到各种香辛料和药草、香草的理由之一。例如，椀物料理中使用柚子皮丝这样的芳香调味品时，一番出汁的香气和柚子皮丝的清香不是分开独立存在的，而是合成为一个更加独特的香气被嗅觉感受器接收到。

图7：假设嗅觉感受器有9个，经过结合的感受器的模式变化

气味A附着感受器的情况　　气味B附着感受器的情况　　气味A和B附着感受器的情况

嗅觉感受器在嗅觉神经前端，从鼻子前端感受的香气物质（香气成分）和鼻子后端传送的香气物质（香气成分）都会附着在同一个地方（第192页图5）。

从鼻子前端（外鼻孔）吸入的香气名为鼻前端嗅觉香气。相应的，品红酒或用餐时，没有从外鼻孔吸入的气味（通过喉咙后鼻腔感受到的气味），也就是后半段涌入的气味，名为鼻后端嗅觉香气。大家常说的风味，指的就是味道+鼻后端嗅觉香气。

WHY 为什么高汤如此重要？

日式料理的高汤既能用来炖煮蔬菜，又能用作乌冬面这类碳水化合物的汤汁。入口『鲜』（蛋白质释放出来的信号），摄入体内的却是蔬菜和碳水化合物，我们将这种情况称为『鲜味悖论』。当舌头尝到鲜味的一瞬，大脑下达『请摄入蛋白质』的指令，而真正摄入体内的其实是蔬菜和碳水化合物。

只要被吸收进入体内，不管是蛋白质还是碳水化合物都会被分解，转化成肝糖原储存为体内的能量单元。从更大层面上来说，也不会对身体构成伤害。通过高汤，让大脑一时弄不清状况，把实际摄入的是可提供能量来源的碳水化合物和对健康有益的蔬菜错认为蛋白质，这应该算是鲜味相当重要的使用方式吧。

说到肉类，必然少不了脂肪（油脂）。但日式料理以清淡著称，总是尽可能地去除油脂层，想必也是为了让彻底释放出来的鲜味充分发挥其作用。这或许也是『鲜味悖论』得以成立的理由。

近来，连法式料理也都清淡了很多，减少了油脂成分。但法式料理的香气成分大都是脂溶性的，油脂减少会让香气大打折扣而变得寡淡，相应的处理方式就是加入大量的香草。现在还有很多餐厅推出了酱汁更接近高汤的新式料理，想必这是全世界各派料理的某种趋同吧。

高汤的两大重要功效，第一是『确保味美』。如果是掌握了料理本质精髓的大厨，理所当然会灵活巧妙运用鲜味食材，做出『即使不加高汤都超级美味』的料理。但对于尚未达到此番境界的厨师来说，高汤就是美味关键。高汤的第二大功效是『改变美味的形态』，高汤本身是液体，但在蔬菜风味的什锦汤中也能品尝到其美味。

HOW 高汤该怎么制作？如何应用？

如何制作

在昆布高汤的萃取条件和谷氨酸浓度研究中，曾做过以30 ℃、60 ℃、80 ℃、40 ℃提升到60 ℃这4种温度条件各自加热60分钟的实验。结果是以60 ℃温度加热60分钟萃取出的昆布高汤所含的谷氨酸浓度最高。虽说得到了这样的结论，最能帮助我们有效萃取出谷氨酸，还是得依据各家店铺的操作手法以及所选的昆布种类和风味来调整。

至于水质、硬度等与高汤之间的关系，还没有得出特别明确的结论。需要注意的是，若选用硬度是0的软水（不含任何矿物质的蒸馏水），虽然更容易萃取出氨基酸，但昆布的组织结构同样容易遭到破坏，所以这样的水是不适合做高汤的。

提到创新，如果想做出不同于以往的高汤，要怎么推陈出新，就要好好深度思考：从哪里着手，用什么方式，如何将所选食材的味道成分和香气成分转移到高汤中。在脑海中反复推演后再进行各种搭配组合，多方尝试各种可能。举个创新的例子，将昆布泡水后以100 ℃加热1小时，再把昆布捣碎放入蒸汽式加压咖啡机（粉碎咖啡豆的机器）中，轻点按钮，只需短短几秒钟，就能得到相当浓郁的高汤。

其实高汤的制作，就是将食材的味道成分和香气成分转移至水里的一个过程。想推出新式高汤的话，若是选用鲜味成分含量高的食材应该会事半功倍一些。大家可以参考NPO法人『鲜味信息中心』的数据库，从中能直接搜索到很多食材的鲜味成分含量，十分便捷。

如何应用

鲜味的使用方法主要有以下几种（图8）。

『提高鲜味成分的浓度』有两种方法：一是浓缩，在食材自带鲜味成分的前提下，通过加热、干燥等环节来浓缩；二是发酵，适用于蛋白质含量较高的食材，利用蛋白质发酵后分解成氨基酸的原理，提升鲜味。

『改变物理形态』视需要和想要达到的目的来调整。例如将鲜味固体化，先刨削再捣成粉末状，让鲜味可以瞬间萃取出来。

『转移』主要是指鲜味成分转移到水里或是食物里。昆布渍（一种日式料理做法）便是将昆布的鲜味成分融入食材里的一种转移技法。

『组合搭配』是思考如何推陈出新，组合搭配各种食材以做出全新的高汤。举个『组合』的例子，我们想用烘烤的番茄干和羊肚菌搭配做汤，既要『干燥浓缩』，也要『转移到水里』，还要『搭配组合（番茄干和羊肚菌）』。在充分理解鲜味的使用方式、应用方法之后，就会发现制汤的思维更加发散、烹制的技法也更加灵活了。

高汤料理的表现手法

说起高汤，就要提到『鲜味成分的转移』，即鲜味分子从一个食材到另一个食材，这个想法很重要。最具代表性的要数『焯青菜』了。水里加入鲣鱼干和昆布，鲜味成分转移到水中形成高汤，以高汤烫青菜，鲜味再转移到青菜里。这道再简单不过的家常小菜，用到的就是鲜味成分的转移大法，也可以说呈现了高汤最本质的使用方法。

图8：鲜味的使用方法

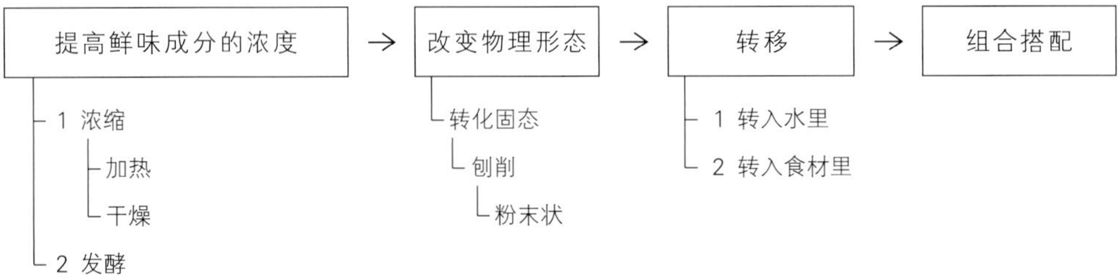

若想要给食客提供一种超越原始食材美味的体验，就要在现有食材基础上再度提鲜。这时就轮到重要的高汤登场。哪怕是此前未曾用到的奇特的食材，只要是具备独特的香气、风味，能为高汤增色提鲜，那么有了它们的加持，依然能制作出让人眼前一亮食欲大开的料理。例如，一些偏苦涩却自带特别香气的食材，若利用鲜味适度削弱其苦味，做出来的『微苦料理』颇有画龙点睛的效果。如此这般，对全新的食材或某些食材过去未曾使用的部位稍加发挥，灵活运用都会小有所获。这正是『高汤让原始食材升级』的概念。

除此之外，说到高汤让食材美味升级，利用『同质高汤』也是很有趣的表现手法。在日式料理中，并没有把昆布和鲣鱼干熬制的高汤运用在鲣鱼料理上的做法，但这确实也是高汤的基本用法。法式料理中就有以芦笋外皮萃取的高汤来焯芦笋这样的做法，使芦笋的风味更加浓郁。利用『同质高汤』做出来的料理，包含了风味更胜一筹的概念在其中。

主厨通过料理所呈现的态度

主厨们一个个想着如何将手中食材的滋味发挥到极致。他们需要把握的不仅是烹制技法，还必须了解和理解每一种食材在烹调过程中成分和构造的变化，入口会带来怎样的口感。鉴于此，科学专业的思考模式尤为重要。何谓科学，不只是能灵活运用化学分子原理或者技术手法，而是能通晓事物的本质与构成。有了这样的思考模式，除了能顺利建立职业所需的基本知识体系和架构，更可以用科学的态度去理解传统烹调技术并加以运用，从而高效地吸收各派别料理之长，少做无用功，少走冤枉路，把节省出的时间更多放在创新上。

说起主厨通过料理所呈现的态度，就不得不联系到以前的历史和饮食文化风向。以往，主厨们亲自去法国当地学习法式料理，目的是把法国大厨的那一套照搬回来。后来的关注点慢慢转到食材上，『自然原味』概念开始兴起，一直发展到当今『可持续性』这一宏大主题的提出。为了把主厨们的创造性灵活运用到料理中，从科学的角度出发去思考料理本就是相当重要的一环，料理的表达方式能不断进化发展也正受益于此。

主厨们开始考虑如何运用之前未曾使用过的食材的时候，就很好地契合了『可持续性』这一理念。高汤在这其中起到的作用相当大。如前文所说，凭借『高汤让原始食材升级』，不仅能解决食材的浪费问题，还能提升料理的风味，或许还能趁势推出全新的料理。什么才是有待解决的问题呢？科学地思考，一旦建立科学的思考模式，或许就能带给食客们一种超越食材本身的感动了。

对话·访谈

川崎宽也

川崎宽也：味之素株式会社食品研究所首席研究员

林亮平：『手岛 Tenoshima』主厨

……现在，针对189页的图表，就『日式高汤』来请教一下二位专家。

川崎　首先请允许我解释一下189页的表2『生成图表所用到的数据』。

这个图表并不是以分析各日式料理店的实际高汤成分为前提的。哪怕采用相同种类的昆布和鱼干，也会因为年份和产区不同，造成最后的出汤存在差异。所以，图表中涉及的数据并不是完美的。

但是，只要知道自家店使用的昆布和鱼干种类，就有了方向性，也可以依此来自行测算。所以这也算提供了一个大致的标准吧。我觉得这样的概念非常重要。一般情况下，非专门研究者若没有这些数据，就无法做进一步的分析。因此，当有了目标和指向性时，可以再通过测算得出具体的数据，我认为是尤为重要的。

……这些图表数据，请问要如何解读呢？

川崎　原始数据（第187页表1）中记录了每100g昆布所含的谷氨酸量和每100g鱼干片所含的肌苷酸量。当制作高汤时，若能知道加入1L水后，昆布和鱼干片分别使用了多少，自然就能计算出高汤成品的谷氨酸和肌苷酸含量了。不过这种计算方法

林亮平

的前提是谷氨酸和肌苷酸被完全萃取出来，是一个理论值。实际制汤时，萃取方式不同，取得的结果也是有差异的。

温度越高越容易萃取，时间拉长也容易萃取。这里记录总热量也是便于参考。另外，因为两种鲜味成分都是溶于水的，所以直接长时间泡水也能萃取出来。

前面提到的『鲜味强度值』是很有意思的研究。以前味之素公司的研究员曾创建过通过谷氨酸、肌苷酸浓度计算鲜味强度值的公式，当时连同公式一起还以科学论文的方式发表出来。

第189页图1至图3其实是将这些研究图表化的成果。图1的横轴表示谷氨酸含量，纵轴表示肌苷酸含量，横轴更长一些，总的来说都对上了。圆点的颜色代表昆布高汤的加热温度×加热时长计算出的热量值，颜色越深表示热量值越高。

基本上看图就一目了然，应该不会还有人觉得肌苷酸的含量更高吧？日式料理店中的高汤使用更多的还是昆布。不过东京满大街的荞麦面馆的面汤只用鲣鱼干熬煮，加酱油调味，制成酱汁与荞麦面一同食用。因为以前东京很难买到上等优质的昆布，所以才会想到让鲣鱼干（肌苷酸）和酱油（谷氨酸）一起搭配。虽然是利用了相乘效果，但方法错了。

图2是昆布和鱼干的使用量图表，圆点的颜色和图1一样代表热量值。图3是各店的高汤经过计算得出的鲜味强度对比值。

……前面提到谷氨酸和肌苷酸的含量为1：1时，在鲜味相乘效果下会产生更加浓郁的鲜味，所以我们只要将比例控制在1：1就可以了吗？

川崎　不能这样单一地思考问题。当谷氨酸和肌苷酸含量为1：1的时候，鲜味固然浓厚而明显。但反过来验证，当我们感受到很浓厚、很明显的鲜味的时候，谷氨酸和肌苷酸的含量其实也未必就是1：1，实际情况是在一定幅度内浮动。所以将谷氨酸和肌苷酸的含量严格遵照1：1来控制并无意义。这里所提到的1：1是实验室数据得来的结论，何况从成本角度出发也不友好，毕竟富含肌苷酸的食材成本太高了。就拿昆布和鲣鱼干来说，同等重量的鲣鱼干可贵多了。按照1：1制作，汤头是会浓厚醇香，但成本高出如此多的话，日常普遍大量被使用的高汤就变得不太经济，更别说大多是开店用到，毕竟市场运作也要考虑成本控制。虽然好好利用相乘效果来提鲜是很重要的一个出发点，但实施起来还是有些困难的。

林　这或许成了解开魔咒的金钥匙呢。此前我们研习厨艺、一路自我修炼的时候，大多是沿袭店里昆布和鲣鱼干的用法用量来制汤，基于过去的基础，比较固化。一旦自己开店了，又没有额外的时间精力去多做验证，就还是只能相信自己习得的经验，但真的会有行不通的时候。现在有了这份研究资料和数据，就不必一味沿袭之前学艺的餐厅用法，也可以大胆发挥一下，做出适合自己的高汤了。

川崎　从风味来说，昆布有真昆布、利尻昆布、罗臼昆布等，鲣鱼干和金枪鱼干也有各种类型的可以选择。它们各自组合搭配出汤，这样这些数据信息，包含但不限于谷氨酸和肌苷酸的成分含量，都会慢慢积累收录在案，表格图形也会更加丰富立体，不再只停留在简单的文字赘述了。

……关于『手岛Tenoshima』的高汤，有什么可以分享的呢？

林　因为想从头开始做起，所以开店的时候，就尝试了各种昆布和各种鲣鱼干，才有了后来呈现给食客的高汤。但我们店里的高汤，和我自己最早研习厨艺的餐厅出品的高汤在方向上不太一致。

川崎　『手岛Tenoshima』的高汤和『日本料理 翠』比起来，鲜味强度上稍稍弱了些，但昆布用量也比较少。如果从相乘效果来说，『手岛Tenoshima』应该是利用相乘效果使鲜味变浓郁了，这点显而易见。

林　的确是这样，我们通过相乘效果，尝试把鲣鱼干和昆布的用量尽量减下来。但最重要的还是要让食客满意。我自己当然想做出美味的极品高汤，但还得在控制成本和让食客满意这两个方面取得平衡。省下来的成本用在店员薪酬上，更利于餐厅在业界的生存和发展。

川崎　相比以前，昆布和鲣鱼干的价格的确上涨了不少，成本上当然要精打细算才行。

林　再者，眼下也不是那个不管不顾、只一门心思做好汤就可以的时代了，更需要有效地利用有限的食材。因此，我们店里虽然鲣鱼干的用量有所削减，但也是通过谨慎计算做出的选择。我们维持着昆布用量不变，但后面该怎么办，我是有些许担忧的。

川崎　昆布的影响不容小觑呢。

林　没错。我也很清楚眼下还要指望着昆布做汤（笑）。至于昆布种类，我觉得各有所好吧。真昆布、罗臼昆布我们都有尝试，但因为我是吃利尻昆布长大的，我个人就觉得它是最好吃的昆布了。罗臼昆布和真昆布鲜味太过了，甚至让我惊诧：哇，怎么会有鲜味如此强烈的昆布！

川崎　是啊，鲜味浓得不是一点半点。

林　昆布的鲜味浓烈成这样，我就会思考该如何来平衡中和一下。会有些不知所措，但还是会激起好奇心和想挑战一下的勇气。

川崎　记得用量减半哦，我们所说的鲜味，并不是越强越浓烈就越好。从鲜味对舌头的影响来说就包含了很多方面。当整体口感偏顺滑醇厚时，虽然也是一种风味，但也会少了原有的那种尖锐感。

林　有点像是被屏蔽了一层的感觉吧。

川崎　是的，尤其是做香辣料理的时候，如果把咖喱做成顺滑温和的口感是会被印度人嫌弃的。毕竟众所周知，他们吃的就是辛辣风味的咖喱，结果你做成了第二天的剩菜咖喱画风，不过这样倒符合我们日本人自己的风味偏好。这恐怕也算是谷氨酸的宿命吧。

欧美料理中的西式高汤主要来源于各种炖肉，谷氨酸也算是多种氨基酸之一。他们的高汤主要还是各式氨基酸的集合体带来的鲜味，这样反而导致入口的味道比较杂，无法清晰明确地感受到鲜味。所以他们不太能理解我们常说的『鲜』是什么，至今都难以理解。

……关于日式料理的高汤，二位有什么想法？

林　说起日式料理，会联想到很多非这样做不可、必须那样做才行的规矩或是束缚。之所以自立门户，也许正是因为想借此机会不再束手束脚，能够创作更多有自己想法的特色料理，在厨艺界大展拳脚吧。如果束缚太多，就很难实现抱负。不过了解了这么多的数据和科学的分析角度，这说不定会成为挣脱束缚的关键一环。

川崎　什么束缚啊（笑），其实是说很多常规的确定性的因素和条件吧。想做出美味的料理，肯定是要满足多重因素的，而且这些条件、因素都很重要。但要说到本质是什么，虽然每个人的想法不尽相同，但就高汤而言，还是汤的味道和香气，更进一步说就是细腻的口感。恐怕大多数主厨也持同样观点吧，比起重要程度，应该先排出优先顺序。

举个例子，高汤之外，在料理中常用到的酱油和味淋，哪个更重要呢？用来装盘的器物外形和颜色，哪个更需在意呢？诸如此类。负责传授知识的一方或许觉得这些都很重要，而主厨们学习消化之后，最终呈现在食客眼前的，才是他们真正认为重要的点。这也正是反映主厨们价值观的部分，他们也从中找到了自己对本质的追求。所谓创作新的料理，恐怕也是这个意思吧。

林　是啊，所以有现成的分析，可以在更短的时间内达到目的。如果一味单靠个人力量冲闯，就如同炼狱一般哦（笑）。

川崎　找不到突破口吧，不知从何下手。

林　对对。因为完全不知道该往哪个方向迈出第一步，也没个重心，眼前一片黑暗。要是有了这样的方向指引，再去深入探索相乘效果的利用方式，尝试、对照、比较，就能有效控制成本。这样的数据和科学的分析角度简直帮了我的大忙，不仅前方迷雾散开，还坚定了信心。

……林先生积极地用到小鱼干高汤制作料理，请问针对这点，您又是如何考虑的呢？

林　在我看来，日式高汤有点将昆布和鲣鱼干封神了，且不说好坏，但我想尽量摆脱这个现状，才会想到以小鱼干高汤拓展市场。这样做确实受到了一定的冲击，但在条件受限时也能盈利，或许能推动料理界的创新，触发除昆布和鲣鱼干之外用更新食材制汤的可能性。不过我们店里的小鱼干高汤还是加了昆布的，可见我也没办法完全脱离昆布。

川崎　说到富含谷氨酸的食材，也就昆布啊。这也是无可奈何的事情，人们还是在十分偶然的情况下发现的这一点。纵观世界范围，仍然只有北海道一带的昆布富含谷氨酸，且还不是干燥过程中人为添加的。那一带的昆布谷氨酸含量为何如此之高，至今也是个谜。如果说是因为生长于寒冷的海域，那更为寒冷的北欧地区也不出产啊。

林　鲜味成分的浓度会因昆布种类不同而有所差异，但基本上采收后昆布的鲜味成分含量就不太变化了。

川崎　刚才你提到日式高汤有点将昆布和鲣鱼干封神了，我觉得和城市料理不无关系。京都的料理来自都市，也就是所谓文明的料理。文化的重点在于事物的多样性，而（城市）文明的重点在于资源的有效集中整合。所以当这样考虑的时候，北海道的昆布和南方的鲣鱼干直接被带到京都这片土地，一上来完全就是城市料理。这无关乎现在所说的『食物里程』了。［译者注：食物里程（food miles）一词，是由伦敦城市大学食物政策科教授Tim Lang创造的。他认为，『食物里程』就是以简单的方法，指出食物由生产到消费者手上所造成的社会、经济以及生态改变。这包括食物由生产、包装和运输所消耗的能源及地球资源，以及所造成的污染和对生态环境的损害等。］

日本的饮食文化中，已经有了名为京都料理的城市料理，但其他地方也有各具特色的本地料理，一定是有的。只是从某个时候开始，人们一想到日式料理就是京都料理了。不过既然饮食文化已经发展成熟到一定阶段，或许我们也可以再次出发，让料理从城市回归地方、回归乡土。

其实在法国也有类似的情况。即使是偏远乡村也不乏米其林的三星餐厅。大厨们或许也是去到巴黎研习厨艺，然后回归到地方的。为什么会有这个过程呢？还是因为料理技术在城市文明下更易发扬光大，这也与食材受限有关。处在京都食材受限的环境，官厨如果做不出好吃美味的料理可能会被斩首，在这样巨大的压力下，不得不费尽心思呕心沥血地钻研厨艺。在当今的京都料理主厨界，这样的意识依然存在。林先生不也担负着将精湛厨艺和顶级料理带回地方的使命吗？

林　是的。我的确有回归（香川县，手岛）的想法。秉承京都城市文明下习得的技术，将乡土料理发扬光大，想必也是今后料理界的一大趋势和走向吧。说到这里，复兴地方特色高汤料理就变得顺理成章。从这个层面来说，用到小鱼干高汤也是水到渠成的事情了。虽然还是会加入昆布，但其实只以小鱼干熬制的高汤也十分鲜香美味。所以下一个阶段，我应该会推出纯粹的小鱼干高汤，现在还在精益求精的过程中。

……**请问有没有可以替代昆布的食材呢？**

川崎　日本的昆布也是被偶然发现富含谷氨酸的。哥本哈根大学的讲师，在北欧的料理实验室分析了多种海藻类生物，再也没有找到比日本昆布谷氨酸含量更高的了。

林　美洲的梨形囊巨藻（拉丁学名*Macrocystis pyrifera*，是海洋中最大的藻类，向上生长可超过45 m）怎么样？

我对这个巨藻非常感兴趣，毕竟已经到了必须放眼全世界寻找富含谷氨酸食材萃取高汤的时候了。

我一直有种危机感，我们会面临昆布食材源头枯竭的风险。有必要将这种危机感传递给下一代，出于这样的使命感，我也自作主张进行了尝试。一想到这里，就不得不以昆布耗尽为前提来设想未来的高汤趋势和走向。

川崎　是啊，昆布毕竟不是取之不尽用之不竭的。

林　现在都快采收不到昆布了，就连从业人员都越来越少了。未来恐怕只有在高级餐厅才享用得到了，不仅是昆布，渔获也是一样，我们这辈料理人越来越多地体会到了这个问题。

鉴于此，我现在对辣椒颇感兴趣，有两个原因：第一辣椒的鲜味其实也很足；第二辣椒的生长环境耐高温。那么从高汤萃取和温室效应来全面综合考量的话，辣椒还是满足各项条件的。虽然在料理制作上辣椒还存在一定的局限性，但用辣椒制汤应该很有趣吧。

川崎　数据表明，辣椒的谷氨酸含量也很可观。辣椒的辣味成分不溶于水，但溶于油脂。若是以水来熬煮大量的辣椒，再加入油脂混合乳化，辣椒的辣味成分会不会转移到油脂里呢？再想办法去除油脂，我们是不是就得到了想要的高汤呢？毕竟鲜味成分溶于水不溶于油脂。

林　这样啊，那倒要试试看。也的确到了要认真思考这些问题的时候了，立足于日本本土自然不用说，放眼全世界寻找食材才是硬道理。而且我还想着简化制汤流程的问题。

……**关于高汤，还有其他的应对方式吗？**

林　最近我也在探究，如何让高汤更加浓郁鲜香。例如，虾类带有腥臭味，若长时间炖煮的话腥臭味更重，所以我会在鲜味释放得差不多时赶紧过滤，将其浓缩使用。

川崎　是的，这样操作是对的。以前我曾做过中式全鸡高汤的实验，请来专业的汤品主厨将3 kg的鸡对半切开，放入6 L的水炖煮4小时，浓缩成3 L的鸡汤。然后切换各种不同的条件，发现一开始加热的30分钟左右，鲜味成分氨基酸就释放了超过八成，那么剩下的3.5小时又发生了什么呢？除了自然的浓缩之外，就是美拉德反应。以颜色来看，一超过3.5小时，汤色就变成茶褐色了。这么看，其实氨基酸在开始不久就大量释放出来了。

林　我也做鸡汤，从美拉德反应带来的渐变汤色，多少还是能想象出制作成日式料理的感觉。只不过当汤头越来越浓稠的时候，就逐渐脱离日式料理的范畴了。

川崎　食物的香气也会跟着变浓厚。

林　毕竟清淡爽口的口味更符合日式料理给人的感觉。例如鸡汤，相比整鸡，我们倾向于以鸡骨架和鸡肉糜炖煮30分钟左右过滤得到的高汤，想再浓一些就在过滤后继续加热，这样既不会产生过度的美拉德反应，又能提升浓度。

川崎　如果是鸡胸和鸡腿肉作比较，鸡胸肉的氨基酸含量较高。

林　是的，我也只使用鸡胸肉和鸡里脊肉，而且都会去皮、去油脂。不论什么肉类制汤，我觉得都不需要油脂，一定要去除干净。

……从高汤的角度来看，日式料理和法式料理最大的区别在哪儿呢？

川崎　食材首先是来自大自然，而食材在被做成美味料理之前经历了很多道工序，每道工序都有对应的人来处理。比较世界各国的其他料理，日式料理主厨能亲自动手参与的地方不多。首先没有参与农作物的栽培，其次也没有参与将采收的农作物加工好的过程。食材移送给主厨之前，一道又一道的工序早已通过很多人完成了。而法式料理甚至连调味酱料都必须在锅里由主厨亲自制作。

极端一点来说，料理的一整套完整的工序，不论是哪国

料理大方向上都差不多，只是说不同环节由不同人负责罢了。这么分析，法式料理负责各环节的厨师们占比可能最多。如果想缩短处理时间，那么就得将一部分操作环节外包。比如将制作高汤这一道工序外包，或者就像日本一样制成高汤精华粉，厨师们需要做的只是将高汤的精华成分提取出来而已。一定程度上，日式料理的制作环节可以说是相当精练高效了，主厨可以将更多时间投入在钻研调味和设计料理上。

日式料理中的高汤，主要是将所用食材干燥后，再让干燥的食材『出汁』(萃取)。法式料理里的高汤，则是边浓缩边萃取，所以命名方式也不同，不会单纯地将其命名为高汤，更多的是按照具体做法来命名。法语里的打底酱汁『fond』源自基本、基底、基础的意思。打底的肉汤『bouillon』源自煮开、炖煮的意思。将这些分门别类系统化整理的人叫乔治斯·奥古斯特·艾斯可菲。法式料理实在太庞杂了，若没有他的归纳整理，理解起来非常困难。日式料理则不然，本身就区分好了，昆布店的昆布，鲣鱼干店的鲣鱼干，连烹制技法都已模块化、体系化发展得很完善了。法式料理往往是制作菜品的同时处理各类食材，虽然某种程度上也是系统化的，但日式料理制作就省去了这个步骤。

林　之前在国外工作的时候，对此深有感触。日本的大厨真正操作的环节很少，其中八九成工作在他着手之前就已经由其他人完成了。我最近在想这样真的好吗？

川崎　是啊，反过来说，介入的环节不多，能做的工作当然就少了，那么再继续谈创作的话还能有多大的发挥空间呢？以制汤来举例，主厨若是从高汤素材的制作加工这个环节就入手的话，说不定还能打破只有昆布和鲣鱼干可用的局限，研发出全新的搭配组合呢。

林　我现在甚至想自己亲手酿造酱油。我们店会自己酿造酱油，而且觉得是理所当然的事情。仔细想想，我们何尝不是被酱油给操控了呢，被动地为了搭配不同厂家出品的酱油来做料理、做酱汁等。

川崎　有时候觉得料理界和自然界有很相似的地方。

在距今约5亿年前，一个被称为寒武纪的地质历史时期，地球上几乎全是藻类，它们不约而同经历了单细胞向多细胞生物的进化，在这之后激增了许多不同的物种，这就是地球生命史上最重要的进化事件——寒武纪大爆发。当时的DNA大概也发生了剧变，后来随着环境趋稳变化逐渐趋缓，然后呈现出今天世界的样子。

料理界何其相似，某个人发明了某个东西短时间内迅速扩散至全世界，酱就是如此。在中国有个人发现了发酵物质，便让酵母菌发酵肉类，做肉酱、蔬菜酱、五谷酱等，各种酱相继问世，当然也不乏一些气味难闻、制作过程烦琐、难以被使用的产物。而现在的味噌和酱油只是占其中很少一部分的代表作品。所以我才说如果我们退回去看，没准儿还能找到属于自己的可以发挥的那片小小的天地。

说回自己亲自做调味料，在法式料理大厨的工作中每天都在重复上演。但因日本已经有发酵的技术，倒是可以提前做好备用(不用每天制作)。整体来看，做的其实还是差不多的事情。在日本，有麴菌这种富含蛋白质分解酶的强大菌种，它将蛋白质分解成氨基酸带来鲜味。大豆是富含蛋白质的食材，所以用大豆来发酵也一直沿用至今。当然麴菌还能参与其他很多商品的研发制作。

林　是啊，科技发展到了一定程度，反而回归传统领域还可以探索更多的可能性。我反而觉得往原始的传统手艺上探索会更有趣呢。

川崎　当今做什么都能更有效更便捷了。

……从长远发展来看，二位对日式料理有什么期许吗？

林　越往下聊，越觉得没办法走向世界了。毕竟眼下我们都太过于依赖他人，不论是昆布还是鲣鱼干，都不是我们自己做出来的。在料理的各类构成要素中，我们自己亲手做的东西实在太少了，不仅是食材部分，还有盛盘的器物部分和用餐的环境空间。这些很多都不是出自大厨之手。要走出国门的话，我们要精进的地方还有很多。

川崎　法式料理的话，大厨倒是可以从头到尾独自完成。前提是掌握了原则和机制。

林　我最近在很多方面渐渐感受到日式料理的发展遇到了瓶颈。

川崎　不过话说回来，让人吃得安心、放心的料理终将发展为融合料理，走向更加多元化的世界，或者说必然会成为世界料理的一分子。就好像前面说日式料理发展到了瓶颈期，碰到类似极限的情况一样，也不要放任不管，而是要重视起来去找出路，使其不会消亡，能留存传承下去。哪怕是嘴上说着『要将法式料理发扬光大』，但是法式料理究竟是什么，这样的疑问依然会反复出现。也许正因为看到了日式料理的发展局限和瓶颈，它反而还能留存下来呢。

林　是啊，说得对，还是得想办法的嘛。听你谈了这么多，我也觉得要更明确自己做什么，如何去做。意识到需要付诸行动的还远不止一点点啊。

川崎　说到改变，其实也不希望以破坏的方式来进行，毕竟大家都是为了让日式料理能长久存在而努力至今的。

林　是的，我真的十分热爱日式料理，希望可以一代代传承下去，将来大家都能在自己家里做出美味的料理，带着这份料理人的使命感，感觉我们还可以做更多呢。

川崎　其他的艺术不是都会留下成品吗？不管是美术作品，还是音乐作品等。但是料理有点不一样，百年前的料理甚至连个图片都没有，更别说味道的直观呈现了。当然，料理的演变和更迭，和生物进化是一样的，只有不断推陈出新、不断演化才能留存。料理也不该受到高汤的牵制，而是有了想呈现怎样的料理的初衷，再去思考搭配什么高汤，并让自己有能力随心所欲地驾驭高汤，这才是最重要的事情。

林　是啊，在还没有勾画出整体蓝图之前，还是着眼于如何做好手里这碗头汤（一番出汁）吧。有了这碗汤，再去追寻下一步，以全新的视角去思考到底想呈现怎样的料理。一切重新出发，也从心出发。

川崎宽也

1975年生于日本兵库县，在京都大学师从伏木亨教授研究『美味的科学』。农学博士。现任职于味之素株式会社食品研究所，在专业调理技术的创新和品味这两个领域开展研究工作。日本料理研究院理事。

料理做法（补充说明）

「日本料理 晴山」

军鸡莼菜汤

→第25页

材料

鸡腿肉（军鸡）…适量

莼菜…适量

鸡汤（参照第24页）…适量

酸橘（切圆片）…少量

盐、清酒…各少量

1 鸡腿肉抹盐后炙烤备用。

2 莼菜开水焯一下后冰水冷却沥干备用。

3 1的鸡肉切成适口大小，和2一起盛碗。热好鸡汤放入盐、清酒调味，淋上去，最后以酸橘片装点。酸橘汁滴上后即可。

「多仁本」

鳗鱼冬瓜万愿寺辣椒椀物

→第53页

材料

鳗鱼…适量

冬瓜…适量

万愿寺辣椒…适量

葛粉…适量

天然水、盐、淡口酱油、油、清酒…各适量

昆布…适量

鲣鱼干（含鱼背上发黑部分）…适量

一番出汁（参照第48页）…适量

鳗鱼高汤（参照第52页）…适量

万愿寺辣椒汁

二番出汁（参照第49页）、清酒、盐、淡口酱油…各适量

青柚子皮（刨丝）…适量

梅肉…适量

1 处理好的鳗鱼去刺，切成一人份大小的鳗鱼块，撒上葛粉后，在盐开水里烫10秒左右再放入冰水里冷却。

2 冬瓜去皮切块，和水、昆布放入锅中开火炖煮，冬瓜软了加盐、淡口酱油、清酒调味，随后放入鲣鱼干。

3 大火炒香万愿寺辣椒，加入调好的万愿寺辣椒汁，浸泡半天备用。

4 1和2上蒸锅，蒸好的前1分钟放入3的辣椒一起加热，全部一起盛碗。

5 一番出汁和鳗鱼高汤一起开火加热，放入盐、淡口酱油调味后加到4里，点缀上青柚子皮丝和梅肉。

「多仁本」

甲鱼生姜土锅炖饭

→第57页

材料

甲鱼肉和裙边（参照第56页做法煮完高汤后的汤渣底料）…1只甲鱼的

甲鱼高汤（参照第56页）…适量

二番出汁（参照第49页）…少量

大米…适量

生姜丝…适量

小葱（切葱花）…适量

1 甲鱼肉除去骨头后和裙边一起剁碎，剁的过程中发现小骨头也要去除干净。

2 洗好的大米和1、生姜丝一起放入土锅，甲鱼高汤加入少量的二番出汁调好量，倒入土锅开始炖煮。

3 煮好后撒上葱花。

『手岛 Tenoshima』

小鱼干高汤面

→第65页

材料

面条的汤底（方便操作的量）

- 小鱼干高汤（参照第64页）…1 L
- 盐（海盐）…3.4 g
- 淡口酱油 …29 mL
- 米醋（京都饭尾酿造的顶级富士醋Premium）…4 mL

九条葱 …1把80 g

柚子皮片 …1人份1片

七味粉 …1人份 0.5 g

半熟面条 …1人份 40 g

1 小鱼干高汤加盐、淡口酱油、米醋混合调味，做成面条的汤底。九条葱切葱丝。

2 开水煮熟面条，以流动的清水冲洗冷却再沥干水。取适量1的汤底煮沸后装碗，再加入面条。

3 取适量1的汤底加入葱丝稍微煮一下，之后倒入面条碗里，放上柚子皮片和七味粉。

『手岛 Tenoshima』

石斑鱼生鱼片 高汤涮涮锅

→第67页

材料

石斑鱼 …1人份 12 g

（切薄片做刺身5片）

石斑鱼高汤（参照第66页）…适量

蔬菜小芽 …10 g

佐餐酱汁 …1人份

- 萝卜泥 …5 g
- 虾夷葱葱花 …10 g
- 特制酱汁（如下）… 20 mL
- ※混合搅拌

特制酱汁（方便操作的量）

- 浓口酱油 …500 mL
- 淡口酱油 …200 mL
- 味淋 …300 mL
- 清酒 …280 mL
- 水 …90 mL
- 昆布 …15 g
- 鲣鱼干 …50 g
- 混合柑橘类（柠檬、血橙、爱媛美生柑、臭橙、柚子）水果汁…1 L
- ※味淋、料酒、水、昆布一起倒入锅中开火炖煮，到酒精挥发后，加入浓口酱油、淡口酱油调味煮开后关火，放入鲣鱼干冷却后过滤，和混合柑橘类水果汁搅拌均匀备用。

＊石斑鱼（参照第66页步骤1、2做法三枚切，取鱼身片）。

1 三枚切分割出的鱼身片连皮一起做鱼片刺身。

2 使用漏勺把1（鱼皮面朝下）在煮开的石斑鱼高汤中浸30秒捞出关火，漏勺再次放入高汤中，但立刻捞出。

3 鱼片盛入热好的汤碗，点缀撒上蔬菜小芽，端上佐餐酱汁。

＊烫过鱼片的高汤也可一并呈上。

「手岛 Tenoshima」
甜虾什锦浓汤

→第69页

材料

甜虾高汤（参照第68页）…100 mL
白味噌 …125 g
淡口酱油 …10 mL
米醋（京都饭尾酿造的顶级富士醋 Premium）…10 mL）
葛粉水（葛粉 225 g兑水500 mL）…50 mL
虾夷葱葱花 …1人份 1 g

1 热好甜虾高汤，放入白味噌融开后，加淡口酱油、米醋调味，倒入葛粉水勾芡。

2 倒入汤碗后撒上葱花。

「手岛 Tenoshima」
军鸡真丈荞麦米鸡汤椀物

→第71页

材料

军鸡真丈（1人份 45 gx12人份）
- 军鸡鸡腿肉糜 …320 g
- 鳗鱼肉泥 …225 g
- 浓缩的鸡汤（参照第70页鸡汤再熬煮到剩一半的量）…150 mL
- 小麦粉 …12.5 g
- 淡口酱油 …12.5 g
- 盐（海盐）…5 g

汤碗配料（6人份）
- 萝卜 …44 g
- 金时胡萝卜 …36 g
- 牛蒡 …25 g
- 荞麦米（干燥后）…30 g
- 鸡汤（参照第70页）…500 mL
- 淡口酱油 …10 g
- 盐（海盐）…1.5 g

汤底（4人份）
- 一番出汁（参照第63页）…450 mL
- 制作汤碗配料时炖煮过食材的鸡汤汁 …150 mL
- 淡口酱油 …15 mL
- 盐（海盐）…12 g
- 葛粉水 …20 g

切配好的其他小料（1人份）
- 野芹菜（切碎）…5 g
- 大葱（切7 mm 葱丁）…3 g
- 黑胡椒粒 …0.3 g
- 柚子皮（切松针状）…1片

1 真丈准备工作：鳗鱼肉泥和鸡肉糜、盐、淡口酱油、小麦粉加入鸡汤一起混合后倒入食物搅拌机搅拌，搅拌好后一一揉捏出一人份45 g左右大小的团子。

2 备好汤碗配料：荞麦米倒入开水里烫8分钟后捞起来晾干，静置冷却。萝卜、金时胡萝卜、牛蒡切成5 mm丁，和鸡汤一起倒入锅里，煮软后加入荞麦米、淡口酱油、盐调味，静置冷却。

3 1放入蒸烤箱（设定温度85 ℃、湿度100%）蒸8分钟，制成真丈。

4 一番出汁加入2炖煮过食材的鸡汤汁后加热，加盐、淡口酱油调味，加入2，煮开后倒入葛粉水勾芡。

5 3盛碗里，周围点缀上葱丁和野芹菜碎，随后倒入4，撒上葱丁，最上面放上松针形状的柚子皮、撒上黑胡椒粒即可。

『手岛 Tenoshima』

酸白菜炖猪肉

→第73页

材料

猪五花肉（参照第72页做法煮完高汤后的猪肉）…厚度1 cm×2片

A（猪五花肉的汤汁）
- 猪肉高汤（参照第72页）…800 mL
- 淡口酱油…90 mL
- 清酒…50 mL
- 米醋（京都饭尾酿造的富士寿司醋）…60 mL
- 味淋…10 mL
- ※含盐量控制在2.5%。

大葱…1根

太白芝麻油…300 mL

做好的成品白菜
- 白菜…1/4颗 600 g
- 古法腌白菜…500 g
- 猪肉高汤（参照第72页）…500 mL
- 淡口酱油…适量
- ※含盐量控制在0.8%~0.9%。

炖菜汤底
- 猪肉高汤（参照第72页）…500 mL
- 一番出汁（参照第63页）…500 mL
- 淡口酱油…25 mL
- 葛粉水…35 mL
- ※含盐量控制在0.78%~0.82%。

生姜汁…1人份5 mL

*古法腌白菜：切丝处理后的白菜加入总重3%的盐抹均匀，出水后拧干白菜放入容器里，常温静置2周。

1 煮过高汤的猪肉切成1 cm厚的两片（一片30 g），和汤汁A一起放入锅里盖上盖。炖煮10分钟，带锅冰水冷却使其更入味。

2 大葱切葱末，以芝麻油炒黄，做成炸葱末和葱油。

3 炖煮白菜，白菜切丝后下锅，加入古法腌白菜和猪肉高汤，一起炖煮到食材都变软，尝味道后适度用淡口酱油调味，隔冰水冷却。

4 做好炖菜汤底：倒入猪肉高汤和一番出汁，开火煮开后加入淡口酱油，以葛粉水勾芡，静置冷却。

5 丸锅（圆形锅，又名甲鱼锅。一开始专门用来制作甲鱼料理，现在也用于料理手法类似情况下的其他食材）倒入4的汤底250 mL，加入1的猪肉和3的白菜30 g后开火，等冒泡煮开后，以画圈的方式倒入生姜汁。加入2的炸葱末，滴几滴葱油。

『木山』

冬瓜夏季鲜贝

→第93页

材料

鲍鱼、花蛤、海螺…各适量

冬瓜…适量

昆布（利尻昆布）、萝卜…各适量

清酒、淡口酱油、盐…各适量

一番出汁（参照第85页）…适量

贝类高汤（参照第92页）…适量

葛粉水…适量

黑胡椒粒…少量

1 取出鲍鱼肉洗净，加入清酒、昆布、水、萝卜一起炖6小时，直到所有食材全部煮软烂，切成适口大小。

2 花蛤、海螺各自取出肉后洗净，无须烹制直接切成适口大小（花蛤肉一片切2~3等份，海螺肉切薄片）。

3 冬瓜去皮洗净后对切开，表面轻轻划刀，放开水里焯软之后，加入放好清酒、淡口酱油、盐调味的一番出汁炖煮。

4 加热好贝类高汤后，放入盐、淡口酱油调味，最后倒入葛粉水勾芡。

5 1和2放入热好的4直接开火炖煮。

6 热好的3的冬瓜和5的鲍鱼肉、花蛤肉、海螺肉盛盘。

7 尝下5的汤汁味道（如果是生鲜贝类，汤头会更浓郁），确认没问题就淋在6上，最后撒黑胡椒粒。

「Ubuka」

松叶蟹煮甜白菜

→第 147 页

材料
松叶蟹快手高汤（参照第146页）…适量
白菜…1/4棵（纵切四等分）
松叶蟹肉（盐水煮好去壳后取出的）…适量
盐、味淋…各适量
葛粉水…适量

1 白菜摆在蒸盘中，叠上松叶蟹肉后均匀撒盐，淋上松叶蟹快手高汤，放入已上汽的蒸锅中蒸1小时。
2 1的白菜放进小土锅。
3 1的汤汁用另一口锅加热，加盐、味淋调味后，加入葛粉水勾芡，倒入2的土锅开火煮开到冒泡。
4 1的松叶蟹肉放到3的白菜上，一起端上桌。

「Ubuka」

清炒塌菜炖蟹肉

→第 147 页

材料
松叶蟹快手高汤（参照第146页）…适量
塌菜（洗净后切成适口大小）…适量
松叶蟹肉…适量
稻米油、盐…各适量
葛粉水…少量

1 热好的锅里倒入稻米油，放入塌菜翻炒，木锅铲轻轻翻炒4~5次后，倒入松叶蟹快手高汤。
2 松叶蟹肉放入1中，加盐调味后，加入少量葛粉水勾芡。

「Ubuka」

松叶蟹高汤配松叶蟹鲑鱼子

→第 151 页

材料（1人份）
冷冻松叶蟹高汤（参照第150页）…100 mL
松叶蟹肉（盐水煮好去壳后取出的）…30 g
鲑鱼子卵…50 g
山葵泥…1 g
盐、淡口酱油…各适量

1 冷冻松叶蟹高汤以盐、淡口酱油调味，加入鲑鱼子卵，浸泡1小时让其充分吸饱汤汁。
2 松叶蟹肉盛盘后，将鲑鱼子卵围绕蟹肉摆放一圈，蟹肉顶端点缀山葵泥。

『Ubuka』 松叶蟹膏味噌酱炖萝卜

→第151页

材料（方便操作的量）

冷冻松叶蟹高汤（参照第150页）…适量

萝卜…1根

松叶蟹膏（盐水煮好松叶蟹后取出的）…200g

白味噌…50g

盐、味淋…各适量

柚子皮丝…适量

1 萝卜洗净去皮，切成3 cm的厚块，用淘米水将其煮软，继续浸泡除土腥味。

2 1放入锅里，倒入高汤没过食材，放入盐、味淋调味，加热10~15分钟，直到萝卜充分入味后关火静置冷却。

3 另一锅里倒入蟹膏、白味噌，以木锅铲翻炒搅拌均匀。

4 上桌前加热2，一人份按照一块萝卜的量装盘，淋上汤汁后将3盛放在萝卜上面，进烤箱烤至微黄，最后装点一些柚子皮丝。

『Ubuka』 藤壶汤冻

→第158页

材料

藤壶高汤（参照第156页）…适量

寒天粉…高汤重量的1.5%

藤壶肉（参照第156页做法取得的藤壶肉）…适量

生海胆…适量

豌豆（盐水煮好后去皮的豌豆仁）…适量

紫苏花穗…少量

山葵泥…少量

1 加热高汤，倒入寒天粉让其充分溶化。静置放凉后放进冰箱冷藏。

2 1装杯，放上藤壶肉、生海胆、豌豆仁，最后点缀紫苏花穗和山葵泥。

『Ubuka』 藤壶椀物

→第158页

材料

嫩豆腐…适量

藤壶高汤（参照第156页）…适量

藤壶肉（参照第156页做法取得的藤壶肉）…适量

大葱（选粗身葱切葱圈）…适量

蘘荷（切圈）…适量

姜丝…适量

1 豆腐放入蒸锅加热后盛碗，碗里再倒入温热的高汤（尝味，可适量加盐）。

2 在豆腐上摆放藤壶肉、葱圈、蘘荷、姜丝。

高汤索引

店家资讯

[日本料理 晴山]

山本晴彦

日本料理 晴山
东京都港区三田2-17-29
TEL：03-3451-8320

[虎白]

小泉瑚佑慈

虎白
东京都新宿区神乐坂3-4
TEL：03-5225-0807

[多仁本]

谷本征治

多仁本
东京都新宿区荒木町3-21
宫内大楼2F
TEL：03-6380-5797

[手岛 Tenoshima]

林亮平

手岛Tenoshima
东京都港区南青山1-3-21
1-55大楼2层
TEL：03-6316-2150

[木山]

木山义朗

木山
京都府京都市中京区绢屋町136
TEL：075-256-4460

[日本料理 翠]

大屋友和

日本料理 翠
大阪府大阪市中央区
东心斋桥1-16-20
TEL：06-6214-4567

[Ubuka]

加藤邦彦

Ubuka
东京都新宿区荒木町2-14
TEL：03-3356-7270

[Sublime]

加藤顺一

Sublime
东京都港区东麻布3-3-9
TEL：03-5570-9888

[Don Bravo]

平雅一

Don Bravo
东京都调布市国领町3-6-43
TEL：042-482-7378

图书在版编目（CIP）数据

日本名厨高汤研究全书 / 日本柴田书店编；悠悠大王译. --郑州：河南科学技术出版社，2024.12. --ISBN 978-7-5725-1776-1

Ⅰ. TS972.183.13

中国国家版本馆CIP数据核字第2024CW6237号

出版发行：河南科学技术出版社

地址：郑州市郑东新区祥盛街27号　　邮编：450016

电话：（0371）65737028　65788613

网址：www.hnstp.cn

策划编辑：李　洁

责任编辑：李　洁

责任校对：耿宝文

封面设计：张　伟

责任印制：徐海东

印　　刷：河南瑞之光印刷股份有限公司

经　　销：全国新华书店

开　　本：787 mm × 1 092 mm　1/16　　印张：13.5　　字数：330 千字

版　　次：2024年12月第1版　　2024年12月第1次印刷

定　　价：88.00元

如发现印、装质量问题，影响阅读，请与出版社联系并调换。